「地球温暖化」神話

終わりの始まり

渡辺 正 著

丸善出版

まえがき

二酸化炭素（CO_2）の排出を減らして「地球温暖化」を防ぐ——という触れこみの京都議定書が発効したのは二〇〇五年の二月です。それから七年間がたち、議定書を尊ぶ（と公言する）国はもはやごく少数なのに、日本政府はCO_2を気にかけ、メディアも右にならいます。東日本大震災のあと脱原発が話題になった折りも、多くの新聞が、「火力発電を増やせばCO_2排出が年に二億トンほど増える」と心配そうに書いていました。

そんな日本は、ここ七年間、CO_2対策にどれだけのお金（と時間・労力）を使い、どんな成果をあげたのでしょう？

環境省は二〇〇六年から、二月の初めごろ「京都議定書目標達成計画関係予算」を公表します。CO_2排出を減らすのに使うお金だそうです。年額は一兆円から一兆二〇〇〇億円に及び、二〇一一年度分まで足した七兆三七〇〇億円を、内閣府と一〇の省が使ってきました。

政府の意向を受けて地方自治体も「温暖化対策事業」を進めています。二〇一一年九月に環境省が発表した二九一ページもの文書「二〇一〇年度・地方公共団体における地球温暖化対策の推進に関する法律施行状況調査結果」を眺めれば、四七都道府県と一七五〇の市区町村が、じつにさまざまな「CO_2削減活動」をしているとわかります。二〇一〇年度の総支出（一兆六四〇〇億円）から察するに、七年間では一〇兆円近くを使ったでしょう。

国と自治体が使ってきた一七兆円は、私たちの納めた税金です。四人家族のお宅なら、五〇万円ほど献上したことになります。

政府の方針には、企業や大学も従わざるをえません。CO_2排出量を見積もり、削減法を考えて実行するには、人件費を含め、かなりのお金を使います。こまかい集計データはないものの、ざっと年に数千億円、七年間なら数兆円でしょう（話に便乗した風力・太陽光発電、「エコ製品」への投資はずっと多いはずですが、それは除いて考えます）。

以上を合わせ、七年間でほぼ二〇兆円が、「CO_2排出を減らすため」に使われました。

環境省の文書を私なりに解読すると、二〇兆円のうち三～四兆円くらいは、CO_2削減用の研究や技術開発をする人々が受けとりました。いまも省庁は競うように研究を公募します。ときどき事務から届く公募案内メールを見るかぎり、一件につき数百万円から一〇億円レベルの豪勢な研究費を配ってきました。

二〇兆円とは、どれほどのお金なのか？　東日本大震災の被害総額は約一七兆円でした（六月二四日推定。九月に出た復興増税案は一三兆円）。二〇一一年三月に完成した九州新幹線の総工費は、たったの一兆五〇〇〇億円です。

その二〇兆円は、CO_2排出を減らし、本来の目的（地球の冷却）に役立ったのでしょうか？

答えはノーです。「CO_2削減活動」がCO_2排出を減らした形跡はありません。二〇〇八年度から〇九年度にかけ排出量は少し減りましたが、その主因を環境省も、「金融危機で景気が落ちこみ、エネルギー消費が減ったせい」と正しく分析しています。

また当然ながら、二〇兆円が地球を〇・〇〇一℃なりと冷やした気配もありません。

つまり二〇兆円は、経済活動あれこれに回りながらも、所期の目的には役立っていない。絵に描いたようなムダだから、次回の「事業仕分け」では「温暖化対策事業」が筆頭候補になる…と私は期待しています。

さて地球温暖化問題とは、大気にCO_2が増えている事実（1章）を気にかけて、以下を三本柱とする話でした。要するに「人為的CO_2脅威論」です。

① 大気中のCO_2は、おもに人間活動（化石燃料の燃焼）が増やす。
② そのCO_2が地球を暖めている。
③ 地球の平均気温が上がると、悪いことがあれこれ起きる。

少し考えるとわかるように、①～③のうち一つでも誤りなら、話はたちまち崩壊します。つまりCO_2脅威論は、①～③を三本脚とするテーブルのようなものでした。

実のところ「三本柱」は、どれもまだ仮説にすぎません。それどころか、ここ数年間にどんどん劣化を続け、とりわけ二〇一一年には、科学面でも政治・経済面でも、完全崩壊を予感させる出来事が次々に起きました。人為的CO_2脅威論が、いま「終わりの始まり」を迎えているのです。

どこからどう見ても「地球温暖化」は問題にするような話ではなく、したがって巨費をつぎこむ「温暖化対策」は無意味きわまりない——そのことをおわかりいただけるよう祈りつつ本書をまとめました。

本書の出版をすすめてくださり、並々ならぬご尽力をいただいた丸善出版の中村俊司氏に心よりお礼申し上げます。

二〇一二年　早春

渡辺　正

目次

4章 CO_2の「温暖化力」……59

本書で使う略語・略号

AMO	Atlantic Multi-decadal Oscillation	大西洋数十年周期振動
CCS	Carbon (Dioxide) Capture and Storage	CO_2の回収・貯留
CDIAC	Carbon Dioxide Information Analysis Center	(米)二酸化炭素情報分析センター
COP	Conference of the Parties	(FCCCの)締約国会議
CRU	Climatic Research Unit	(UEAの)気候研究所
EPA	Environmental Protection Agency	(米)環境保護庁
FBI	Federal Bureau of Investigation	(米)連邦捜査局
FCCC	Framework Convention on Climate Change	(国連)気候変動枠組み条約
GISS	Goddard Institute for Space Studies	(NASAの)ゴダード宇宙研究所
GWPF	Global Warming Policy Foundation	(英)地球温暖化政策財団
IAC	Inter-Academy Council	インターアカデミー・カウンシル
IPCC	Intergovernmental Panel on Climate Change	(国連)気候変動に関する政府間パネル
MIT	Massachusetts Institute of Technology	マサチューセッツ工科大学
NASA	National Aeronautics and Space Administration	(米)航空宇宙局
NCDC	National Climatic Data Center	(米国立)気候データセンター

本書で使う略語・略号

NOAA	National Oceanic and Atmospheric Administration　（米）海洋大気圏局
PDO	Pacific Decadal Oscillation　太平洋10年周期振動
ppm	parts per million　百万分率
UEA	University of East Anglia　（英）イーストアングリア大学
UNEP	United Nations Environmental Programme　国連環境計画
WMO	World Meteorological Organization　（国連）世界気象機関
WWF	World Wildlife Fund　世界自然保護基金

1章　CO_2の調書①——悪い噂

地球温暖化の話では、二酸化炭素（CO_2）という物質を、「有罪判決の出た凶悪犯」や「人類の敵」のようにみる人が多い。かなり慎重な方々も、「かぎりなくクロに近い容疑者」と思っているようだ。

しかし、私はCO_2を「誤認逮捕された善良な市民」とみる。

ここからの章二つを、容疑者CO_2の調書にあてよう。CO_2の悪い性質（だと世間がみている面）を1章で、すばらしい性質（だと私は思うのに、世間もメディアもあまり評価しない面）を2章で眺める。

顔が二つのヤヌス神

自然と寄り添って生きた古代人は、天空や太陽、海、山、巨石などに「神」を想った。私たちの祖先も自然物あれこれを崇め、その伝統はいまも暮らしに根づいている。古代ギリシャやローマにも、おびただしい神々がいた。

ローマ神話に出てくるヤヌス（Janus）は、ものごとの「終わり」と「始まり」を支配する神だった。その役回りを表すためヤヌス神は、終わりを見つめる顔と始まりを見つめる顔の両方をもつ姿に描かれる（図1・1）。

図 1.1　ローマの金貨（BC216ごろ）にみるヤヌス神

終わりと始まりの境目では、過去が未来につながっていく。だからヤヌス神を年始めの月（一月）にふさわしいとみた民族は多く、英語 January やフランス語 janvier、スペイン語 enero、イタリア語 gennaio など、たいていの欧米語では一月を「ヤヌスの月」と呼ぶ。

ただし、「二つの顔」を悪く解釈する人々もいたようで、英語の形容詞 Janus-faced（ヤヌスの顔をもつ）には、「タテマエとホンネがある」とか「腹黒い」「移り気な」「矛盾した」というような意味もある。

CO_2のことを思うたび私は、悪玉にされた不幸な過去・現在と、晴れて無罪放免となる明るい未来を、ついヤヌス神の双顔に重ね合わせてしまう。

エネルギー利用の人類史

エネルギーの利用、つまりはCO_2の排出に注目しつつ、人類の歴史を振り返ろう（気候変動の歴史は6章のテーマとする）。

自然と共生した時代

およそ二〇〇〇年前のローマ時代、世界の人口はせいぜい三億だったという。以後、中世のヨーロッパでペストが人口の三分の一を奪うなど、多少の増減はありながらも急激な伸びはなく、産業革命の前夜といってよい一七〇〇年ごろも地球上には六億人しかいなかった（なお一八〇〇年は九億、一九〇〇年は一六億）。

化石燃料時代の前に人類が使ったエネルギーは、わずかな地熱を別にして、ことごとく太陽から来る。あらゆる食物は、太陽光エネルギーを化学エネルギーに変える光合成が生む（2章）。暖房や煮炊きに使う薪も、光合成の産物にほかならない。また、風のパワーも川の流れも、ほどよい気温も、太陽の熱が生み出す。だから、一七〇〇年ごろまでの人々は自然とほぼ完全に共生し、太陽エネルギーの恵みで暮らした。

ごく少量ながら化石燃料も使われたらしい。ギリシャでは鍛冶屋が石炭を使ったと古文書が伝え、越国《こしのくに》（いまの新潟県?・）が天智天皇（在位六六八～六七二年）に「燃水（石油?・）」を献上したと『日本書紀』にある。宋代（九六〇～一二七九年）の中国人は炒め物に使う強火を石炭でつくり、江戸時代の瀬戸内では製塩の熱源に筑豊の石炭を使ったという。とはいえ、利用エネルギー総量の中で化石燃料はまだゼロに等しい。

産業革命　中世・近世を経て近代に入ったころ、イギリスに興った産業革命が、作業の機械化と大量生産・輸送への道を拓く。そのとき大きな役割をしたのが、石炭を燃やして強い動力を生む蒸気機関だった。

蒸気の勢いを往復運動に変えるニューコメンの機関（一七一二年）を原点として、回転運動に変えるワットの機関（一七八五年）も生まれ、初期の産業革命（一七六〇年代～一八三〇年代）が展開してゆく。

こうして石炭の消費（CO_2の排出）が増えていったが、日本の幕末にあたる一八五〇年ごろまではほぼイギリスの局地現象にとどまり、まだ「世界」や「地球」の話ではない。

石油の登場　一八五九年にペンシルベニア州でドレークが石油を機械掘りした。四年後にはロックフェラーがオハイオ州で石油精製を始め、一八七〇年にスタンダード石油を開業する。

石油の採掘と精製の進展が、米国やドイツで自動車の実用化（一九世紀末）を促した。二〇世紀の初めには飛行機もできて石油（と石炭）の大量消費時代が幕を開け、CO_2の排出も地球レベルになってゆく。

本書のテーマ（CO_2脅威論の検証）で人類史を二分するなら、その境界は、一五〇年ほど前の一九世紀後半になる。

第一次大戦の前後、艦船の燃料も石炭から石油に切り替わった。同じ重さあたり石油の発熱量は石炭の二倍もあるし（後出の表1・1）、とにかく液体だから扱いやすい。第二次大戦後には中東の石油生産が大きく伸びて、「一バレル（一五九リットル）一ドル」の時代を迎え、一九四〇年代から先進諸国は高度成長期に突入する。

高度成長と新興国の躍進　一九七〇年代までの高度経済成長は石炭と石油を両輪にして進み、CO_2排出も激増させた。石油の消費は、第四次中東戦争をきっかけにした七〇年代の第一次石油ショックで少し落ちこみ、イラン革命などをきっかけにした七〇年代末～八〇年の第二次石油ショックでまた少し落ちこみながらも、工業化を後押ししていく。

一バレルが一ドルから一〇ドル以上に急騰した第一次石油ショックで、石炭が見直される。石炭は政情の安定した国々にたくさん出るし、価格も安いうえ安定しているから、消費量はいぜん右肩上がりを続けている。

石炭は埋蔵量でも群を抜き、このまま使い続けても一〇〇~二〇〇年もつ。また、世界の二五%を産する米国が自給自足するとしたら、一〇〇〇年は大丈夫という試算もある。

化石燃料のうち、登場時期がいちばん新しい天然ガスの本格利用は第二次大戦後に始まった。数%は合成原料に回るものの、大半は燃やされてCO_2に変わる。なお、プラスチックなどの石油化学製品もいずれ大半がゴミとなって燃え、CO_2を大気に出すから、世界のCO_2排出量は「掘った化石資源の量」で決まる。

二一世紀には、ブリックス(BRICs)と総称する四ヵ国(B=ブラジル、R=ロシア、I=インド、C=中国)の工業化が本格化した。四ヵ国を合わせると、面積は全世界の三〇%に近く、人口は四五%にも及ぶ。いまブリックスの工業化がCO_2排出を激増させている。

CO_2の排出トレンド

人間活動(産業活動)の移り変わりを念頭に、CO_2の排出トレンドを眺めよう。ふつう地球温暖化の話では、こうした人為的CO_2を「豊かさの代償」つまり「悪玉」とみるのだが、犯行の証拠が見つからない現在、悪玉とみる必要はない。

産業革命が一段落した一八四〇年から二〇一〇年までの約一七〇年間、人間活動の出すCO_2の量は図1・2のように変わってきた。排出源としては、化石燃料(石炭・石油・天然ガス)の燃焼

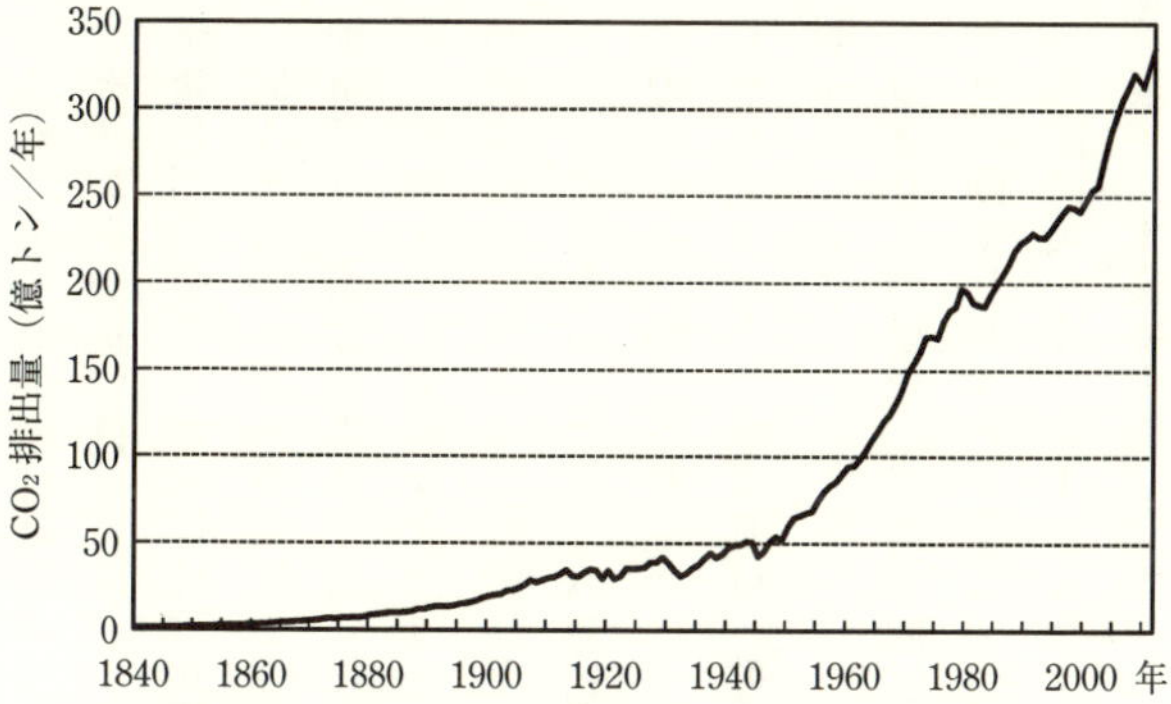

図 1.2　世界の CO_2 排出量：1840〜2010 年

［米国エネルギー省・二酸化炭素情報分析センター CDIAC の公開数値データをグラフ化］

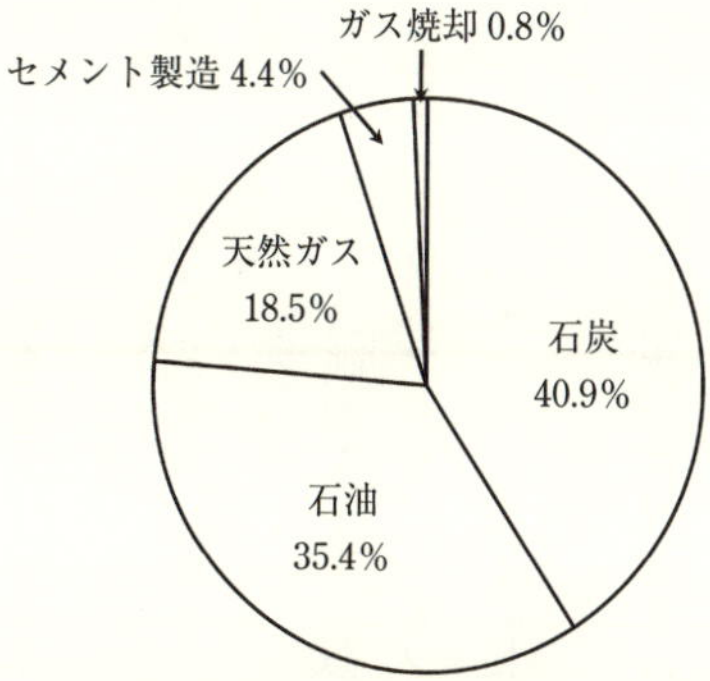

図 1.3　CO_2 排出源の内訳（2008 年）

［CDIAC の数値データをグラフ化］

と、セメント製造、ガス焼却だけを考え、二〇〇八年の内訳を図1・3に描いてある。いまCO₂の九五％までは化石燃料の燃焼から出る。

図1・2と図1・3の補足説明をしておこう。まず図1・2には、バイオマス（薪や木炭、家畜の糞など）の燃焼から出るCO₂を含めていない。薪を使う暖房や炊事、風呂焚きは、日本なら昔話でも世界の中ではまだ多

く、いまなおエネルギー総消費量の六〜七%はバイオマスを燃やして得る（ネパールやカンボジアは八〇〜九〇%がバイオマス）。

セメント製造では、石灰石（$CaCO_3$）を焼いて生石灰（CaO）にする。加熱でCO_2を飛ばす化学変化だから、生産量にほぼ比例したCO_2が出る。

図1・3の「ガス焼却」とは何か？　テレビのニュース映像などでおなじみのとおり、油田や製油所では、余分なガスを高い煙突（フレアスタック。フレア＝炎、スタック＝煙突）の先端で燃やす。燃やすのが純粋な天然ガスなら図1・3の「〇・八%」は一億トンに迫り、二〇〇八年に日本が使った天然ガス（七五〇〇万トン）よりだいぶ多い。

もったいない…と思う人もいよう。ガスを回収し、石油化学プラントに運んで有効利用すればいいのに、と。油田や製油所のすぐそばに石油化学プラントがあれば、そういうガスも利用できる。しかしプラントが遠ければ、輸送に大量のガソリンを使い、差し引きで化石資源の浪費になるから燃やしてしまう。

つまりこの場合、ガスの回収は「木を見て森を見ない」行いになる。似たような発想や行いが、エコ活動やリサイクルなど、環境がらみの話には多い。

本題に戻って、図1・2をまた鑑賞しよう。曲線の勢いが、以下にまとめた世界の発展段階をよく表す（本文で説明しなかった四番目と五番目も、意味はおわかりだろう）。

- 工業化がイギリスのローカル現象にとどまり、人為的CO_2排出を無視できた時期（一八五〇年ごろまで）
- 石炭の大量消費で、CO_2排出が世界現象になり始めた時期（一八五〇〜六〇年）
- 石油の本格利用が始まった時期（一九一〇〜二〇年）
- ウォール街の株価暴落が世界不況を引き起こし、エネルギー消費（CO_2排出）が減った一時期（一九二九〜三〇年）
- 第二次大戦直後の落ちこみ時期（一九四五〜四六年）
- 先進国が経済成長を進め、CO_2排出も激増した時期（一九四〇年代〜八〇年）
- 第一次と二次の石油ショックでエネルギー消費が減った一時期（一九七〇〜八〇年代）
- 新興国が工業化を進めた時期（二〇〇〇年ごろ〜現在）

一九八〇年〜二〇一〇年の三一年間について、中国と日本のCO_2排出量を図１・４に比べた。二一世紀になってから中国の工業化がどれほどすさまじかったかを、右端近くの急勾配がありありと語る。

日本では二〇〇八年から翌年にかけ、米国の金融危機が起こした不景気のため、排出量がやや減った（二〇〇九→一〇年は微増）。かたや中国は二〇〇〇年以降、世界不況を尻目に排出量をどんどん増やし、いまや日本の八倍も出す。むろん中国は「CO_2削減」など念頭にない。

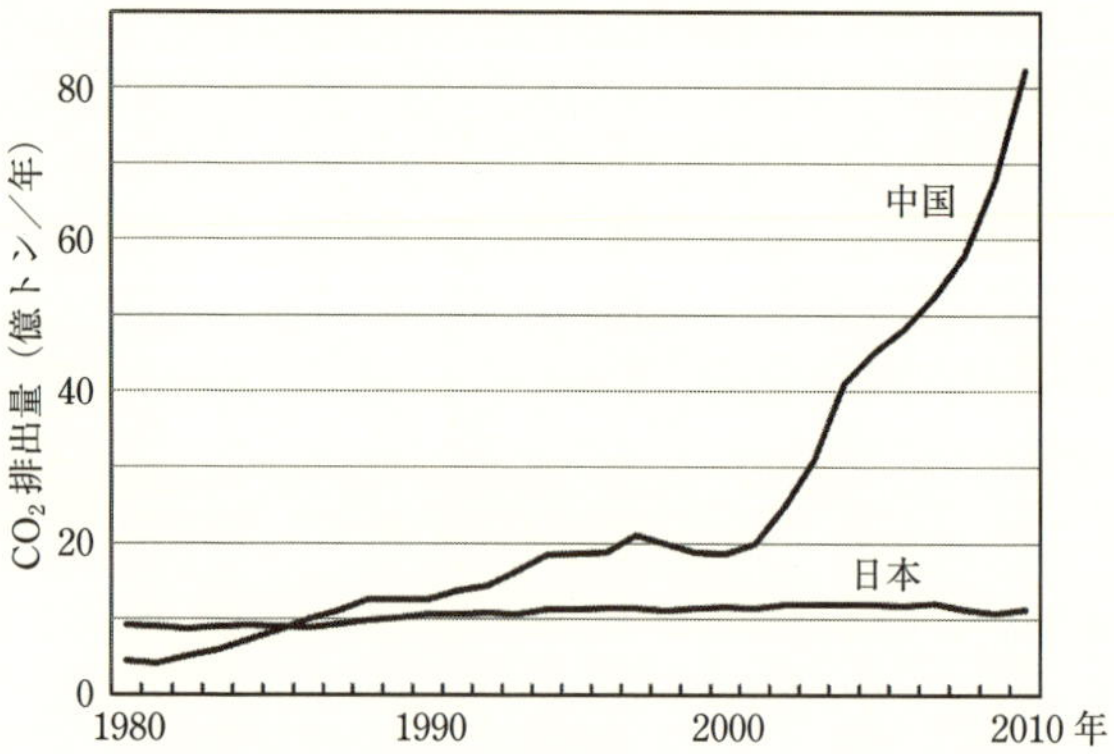

図 1.4　中国と日本の CO_2 排出量トレンド：1980〜2010 年

［米国エネルギー省・二酸化炭素情報分析センター CDIAC の公開数値データをグラフ化］

二つの曲線を見比べただけでも、政府やメディアが叫び続けてきた「CO_2排出削減」の空しさがよく実感できよう。いま日本のCO_2排出量は世界の四％未満しかない。CO_2に害があろうとなかろうと、そんな国がCO_2排出を一〇％や二〇％減らしても（じつは減らせていないのだが）、地球への効果はゼロに等しい。

なお最新の統計によると、おもに中国の排出増が効き、二〇〇九年から一〇年にかけて世界のCO_2排出量は約一九億トン増え、年間の増加量が過去最高を記録した。

燃料とCO_2排出

何を燃やしても、炭素分が空気中の酸素と反応してCO_2になる。温暖化の話では、化石資源に注目すればよい。そのほとんどは遅かれ早かれ燃えるた

表 1.1　化石燃料の燃えかた

燃　料	炭素分（重量）	1kg の発熱量	1MJ あたり CO_2 発生量	備　考
石　炭	70〜93%	17〜39 MJ	90〜150 g	脱硫などで大気汚染を防ぐ
石　油	85%前後	44〜48 MJ	65〜70 g	同上
天然ガス	75%	56 MJ	約 50 g	大気を汚す恐れはない

め、いったん掘った化石資源は必ずCO_2に変わってしまう。

化石燃料（石炭・石油・天然ガス）の燃えかたを表1・1にまとめた。同じ発熱量あたりなら、CO_2の発生量は天然ガスがいちばん少ない。石油は天然ガスの一・三〜一・四倍、石炭は質がよくても約二倍、質が悪いと三倍もCO_2を出す。

しかも石炭や石油は、おそらく生物由来なので硫黄（S）分を含み、燃えると二酸化硫黄（亜硫酸ガスSO_2）も出る。日本は世界に先がけて一九七〇年から硫黄分の除去（脱硫《だつりゅう》）を進め、八五年ごろには煙をすっかりきれいにした（終章二一八ページ）。しかし途上国の脱硫はまだ不十分だから、しばらくは地球の大気を汚し続ける。

そういうわけで、CO_2を悪玉とみる人は石炭を嫌う（その典型が、石炭火力反対の示威行動で三度も警察に逮捕された米国の公務員、「温暖化の父」と讃える人も多いNASAのハンセン。4章六二ページも参照）。とはいえ、安価だし供給量もたっぷりあるため、きちんと脱硫している先進国では、近ごろ石炭の利用がむしろ増えてきた。

いま日本の火力発電に使う燃料の比率は、年ごとに多少の変動はあるものの、石炭と天然ガスが約四〇%ずつを占め、石油は二〇%も占めない。

なお、CO_2の排出量を（そう明記せず）「炭素換算」で表記した記事にときどき出合うので注意したい。炭素（C）換算の値は、三・六七をかけるとCO_2の重さになる（図1・2と図1・4の元データも炭素換算の値だった）。

また、温暖化番組では、煙突や車から出る煙をよく映すけれど、見える煙がCO_2でないことにも注意しよう。CO_2は目に見えない。一緒に出た水蒸気が小さな水滴になり、光を散乱するので白く見える（黒いのはスス）。あんな映像を流すのは、理科を忘れた方々だろう。

大気に増えるCO_2

人間活動が出すCO_2は一九世紀の後半から地球規模となり、戦後七〇年間に急増した（図1・2）。出ても大気にたまらなければ、流行の温暖化問題など存在しない。だが大気のCO_2濃度は着実に増えている。

国際地球観測年（一九五七・五八年）をきっかけに、世界のあちこちで太陽や大気の観測が始まった。日本も南極観測を一九五八年に始めている。米国ではカリフォルニア大学サンディエゴ校のスクリプス海洋研究所が、ハワイ島マウナロア山（標高四一七〇m）の三四〇〇m地点につくった観測所で、CO_2の濃度を測り始めた（一九七四年からは商務省の海洋大気圏局NOAAが業務を引き継いでいる）。

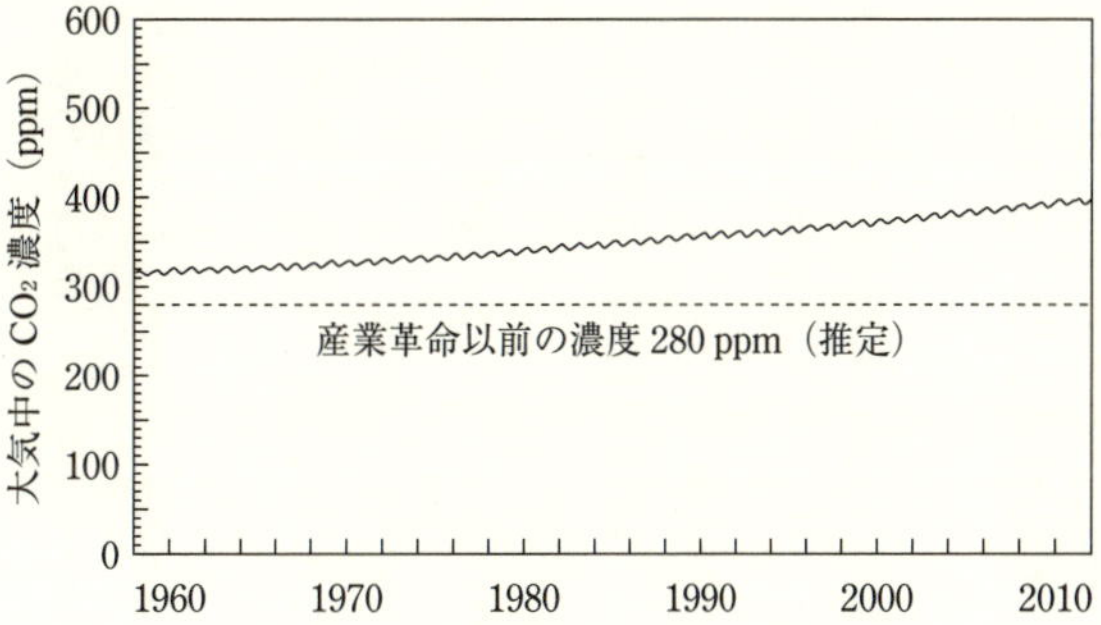

図 1.5　大気中 CO_2 濃度の推移：1958 年～2011 年 12 月
［マウナロア観測所の公開データ］

以後五四年間の実測データが図1・5になる。一九五八年に三一五ppmだった濃度が、単調に増えていま三九〇ppmに近い。

初代の観測主任者にちなんで「キーリング曲線」とも呼ぶ図1・5の曲線は、まさにCO_2脅威論のコアだから、ていねいに観賞しよう。いくつか補足説明をしておく。

濃度の単位　縦軸の単位「ppm」は「百万あたりいくつ」を表す。重さではなく、体積の割合（分子数の割合）をいう。いずれ達する四〇〇ppmは「百万分の四〇〇」だから、〇・〇四％に等しい（大気分子二五〇〇個のうち一個がCO_2）。つまりマウナロアのCO_2は、五四年間で〇・〇三二％から〇・〇三九％に増えた。

温暖化に関心のある人でも、CO_2の濃度をいえる人は意外に少ない。二〇一〇年の夏に米国のイェール大学が成人二〇三〇名を対象に行った調査でも、「CO_2原因説」を知っている人は多かったのに、「濃度三九〇ppm」を知っている人はわずか七%だったという。

線の波打ち　線のギザギザは、植物の光合成（CO_2吸収）と、生物の腐敗（CO_2放出）から生まれる。くわしくは2章で説明しよう。

火山の妨害？　マウナロアの近くには、たえず溶岩流を出しながら噴火を続ける名高いキラウェア山（一二五〇m）がある。風向きによってはキラウェアの吐くCO_2が測定を妨害しそうだが、その補正はしてあるという。

一九五八年以前の濃度　直接の測定データはないけれど、スクリプス研究所が、南極のロー・ドームという場所で採取した氷床コアを分析し、昔のCO_2濃度を見積もってきた。結果を見ると、紀元前後から一八〇〇年間、二八〇ppm前後で増減を繰り返している。つまり、産業革命以前のCO_2濃度は二八〇ppmレベルだったらしい（図1・5の水平な破線）。

マウナロア以外の観測点　スクリプス研究所は、マウナロア以外でもCO_2を測ってきた。カリフォルニア州ラホヤ（研究所の本拠）と南極点の観測はマウナロアと同時期に始め、少し遅れてポイント・バロー（アラスカ）、アラート（グリーンランド）、クリスマス島、サモア、ニュージーランドほかでも始めている。

日本は一九八七年から岩手県三陸町の綾里《りょうり》で観測を始め、九三年からは南鳥島、九六年からは与那国島でも観測している。標高二六〇mにある綾里の観測所は三月一一日の津波被害は免れたものの、地震後に四〇日ほど停電で観測が中断した。

以上さまざまな観測点のデータを見比べると、お互いにたいへんよく似ている。だから、マウナロアの結果（図1・5）を疑う余地はほとんどない。

CO_2の人体影響？　CO_2の濃度がこれから四〇〇ppmを超え、五〇〇ppmや八〇〇ppmになっても、人体そのものに悪影響はない。せまい会議室や教室内はたちまち一〇〇〇ppmを超すのだから。

特殊な環境の話だけれど米国には、三ヵ月航海の潜水艦内を八〇〇〇ppm（海軍）、宇宙滞在三年間の衛星内を五〇〇〇ppm（NASA）としたCO_2基準値がある。要するに、一〇〇〇〜二〇〇〇ppmのCO_2が命や健康を脅かす恐れはまったくない。

呼気は約四％（四万ppm）ものCO_2を含む。吐く空気なので平気だけれど、環境中の濃度が一万ppmに近づけば、肺の中で進むガス交換が狂って命にかかわる。

素朴な疑問

CO_2脅威論の根元には、以下二つの発想があった。

① 人為的CO_2（図1・2）の一部は海や植物に吸収されるが、半分以上は大気に残る。

② その残留CO_2が、産業革命からこのかた濃度上昇（図1・5）の大半を引き起こした。

②の「大半」が「かなり」でも、脅威論の土台にはふさわしい（残留CO_2が気温をどれだけ上げるかは、まだわかっていない。4章）。だが「ごく一部」なら、そもそも根元があやしいことになる。その点を当たってみよう。

排出のありさまと濃度変化の関係　出たCO_2は、一定の率で大気に残るとする。排出量がどの年も同じ場合（A）と、年ごとに増える場合（B）で、大気中の濃度はそれぞれ図1・6のように変わる。Aなら濃度は直線的に増す。かたやBなら、増えかたが強まっていき、排出量の倍増で曲線の「勾配」が二倍になる。

現実のCO_2排出量（図1・2）は年ごとに増え、しかも増えかたが直線よりも急だから、大気

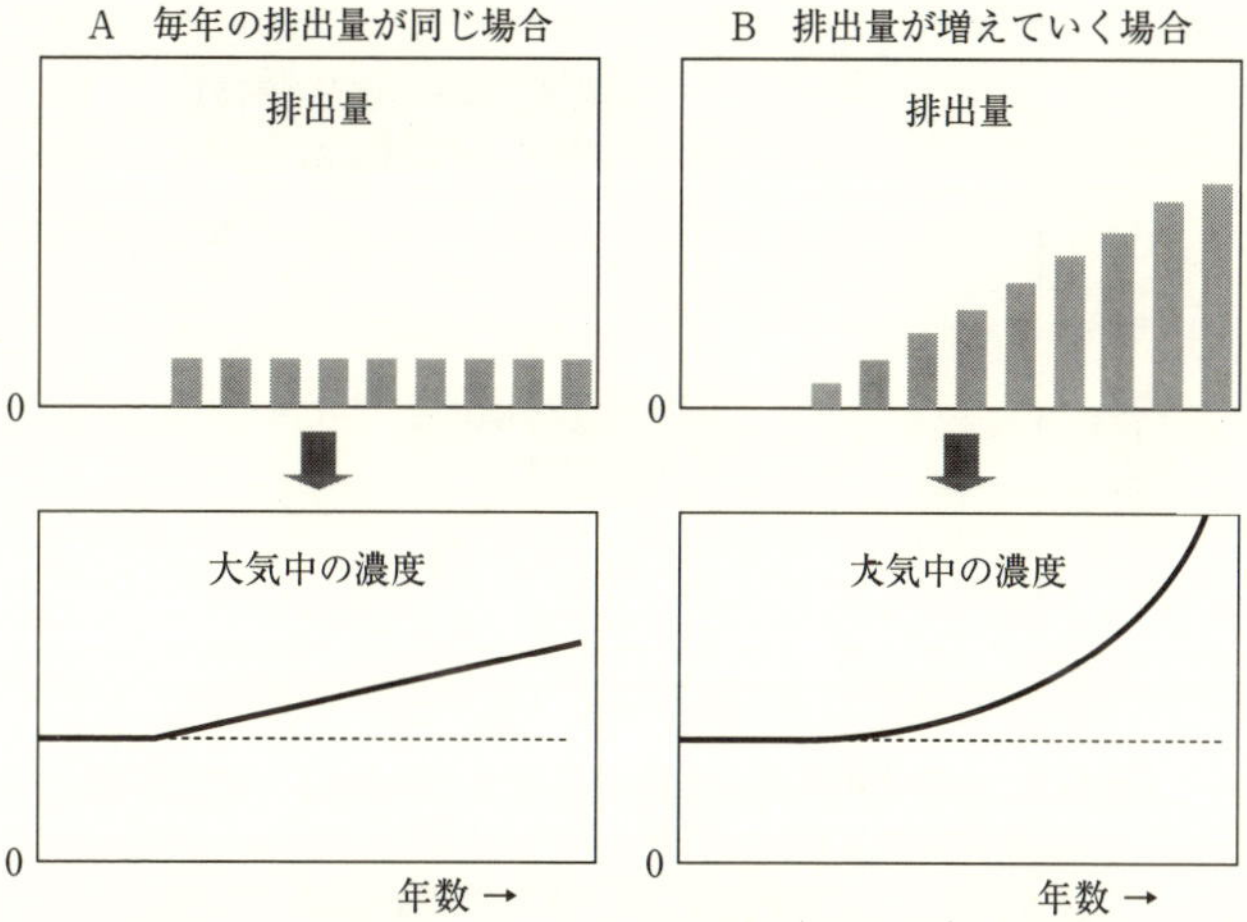

図 1.6　排出量トレンドと大気中濃度トレンドの関係

中の濃度は、図1・6Bの姿より強い勢いで増えなければいけない。

そんな目で図1・5を見直せば、なんとなくスッキリしない。拡大図に定規を当てると、一〇年も二〇年も直線的に変わった部分が多いのだ。たとえば右端から一九九二年（二〇年前）までは、まるで毎年の排出量が一定だったかのごとく、「増加率一・九ppm／年」の直線に乗る。

一九七〇～八九年の二〇年間は、「増加率一・三ppm／年」の直線にほぼ合う。七〇年代の排出量はいまのだいたい半分なので（図1・2）、図1・6の理屈どおりなら、増加率も最近の半分（〇・九ppm／年）でなければいけない。

そうなっていないからには、図1・2の排出量がそのまま図1・5の濃度変化につながったとは思いにくい。排出量よりもゆっくり増えてきた別の何かが重なり合い、図1・5の姿になったのだ

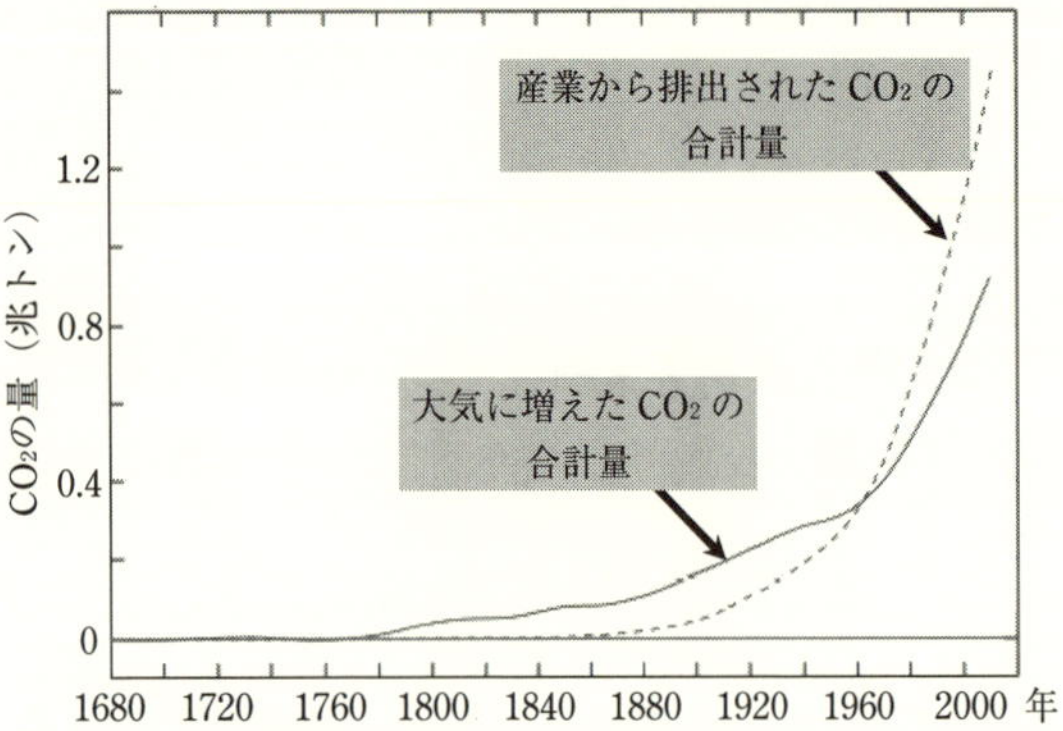

図1.7　2010年までに産業から排出されたCO_2と，大気に増えたCO_2

［カリフォルニア大学スクリプス海洋研究所の公開データ］

ろう。では、その「何か」とは？

謎解きのカギ

一九八〇年代から大気や氷床コアのCO_2を測り、解析してきたスクリプス海洋研究所が、ヒントになりそうな図（図1・7）を公表している。右端に向け急カーブで増える破線は、「産業活動から出たCO_2の総量（積算値）」を表す。いままでの話どおり、一八六〇年ごろ実質的に増え始め、昨今は猛烈に増加中だ。

かたや実線は、「大気中に増えたCO_2の総量」を表す（氷床コアの分析値と、一九五八年以降の実測値をつないだもの）。一見してわかるとおり、まだ化石燃料が効いていなかった一七八〇年ごろに、もう増え始めている。つまり一九二〇～四〇年以前の増加は、おもに「化石燃料以外」が起こした。そのCO_2はどこから来たのか？

紀元一三五〇〜一八五〇年の約五〇〇年間、少なくとも北半球は現在より寒かった（小氷期。6章）。温度が低いほど気体は水に溶けやすい。海に溶けたCO_2の一部は、五〇〇年間にじわじわ深海へと拡散しただろう。そのCO_2が、小氷期以後の一五〇年間、気温上昇に合わせてゆっくり出てきていると考えれば、実線のたたずまいも納得できる。

グラフ（実線）の右端あたりに、化石燃料由来のCO_2（破線）が効いているのはまちがいない。「人為的CO_2の残留率」は、多くて五〇％、少なければ二〇〜三〇％だろうけれど、「化石燃料以外」の寄与分が不明だから、確かな値はわからない。

このように、単純そうなCO_2増加曲線（図１・５）も、まだいくつかの疑問をはらむ。

失敗なのか詐欺なのか？

大気に増えるCO_2が「危険な温暖化」を起こす…と心配するなら、「対策」は一つしかない。図１・５の曲線を「押さえこむ」ことだ。それができない行動に意味はない。

地球の大気はつながっている。「省エネでCO_2を減らしました」と企業が誇り、「ハイブリッド車に乗って温暖化を防ぐんです」と個人が胸を張る。一見もっともらしいのだけれど、何か中身のあることなのか？。

そう思いつつ図1・5をまた眺めよう。京都議定書が発効し、政治家も識者もメディアも「温暖化対策」を叫んできた過去七年間、曲線の足どりはまったく乱れていない。同じ期間の日本では、ほぼ二〇兆円が「温暖化対策」に飛んでいる。全世界ではまちがいなく一〇〇兆円を超し、太陽光・風力発電やバイオ燃料への投資も足せば、数百兆円どころの話ではない。その巨費が「何もしていない」のだ。よくいって大失敗、悪くすると巧妙な超大型詐欺…そう感じるのは、私だけではないだろう。

詐欺師はふつう、もっともらしい話で善良な市民をだます（7章〜終章も参照）。

温室効果と温暖化

私はもう一〇年以上、東大の文科系一・二年生に温暖化を語ってきた（数ヵ月でガラリと変わる部分もあるテーマだから、それなりに神経を使う）。最近の入学者は、小学校から高校まで一二年間も「温暖化の恐怖話」を教わり続けるらしいのに、「温室効果」と「温暖化」を区別できない学生もかなりいる。

地球に大気も水もなければ、太陽との距離で決まる温度は氷点下一八℃になる。現実の平均気温を一五℃とみて、その差（三三℃）を大気の温室効果という。通常は、宇宙に逃げる赤外線を大気の成分が吸収し、エネルギーの一部を地表に戻す――と説明される。

大気中では、水蒸気、CO_2、CH_4（メタン）、N_2O（一酸化二窒素）ほかが赤外線を吸収する。分子の赤外線吸収能と濃度からみて、温室効果の九〇〜九七％（三〇〜三二℃）までは水蒸気が恵み（CO_2は一〜二℃分、図1・8）、地上付近の大気を心地よい温度にしてくれる。

現実の温室とは仕組みがまるでちがうとか、「地球の平均気温」など決まるはずはないとか、「三三℃」には疑問が多いとか、あれこれ議論もまだあるけれど、大気のおかげで生物が住める環境になっているのはまちがいない。

かたや温暖化とは、年ごとに平均気温が上がることをいう。大気のCO_2は増加中なので、もし気温が上昇中なら、一部はCO_2のせいだろう。だがその先で意見が分かれる。

① 昇温の大半をCO_2が起こし、しかも温暖化が有害なら、対策を考えるべき（CO_2脅威論。さしあたり「対策」は大失敗）。
② 昇温の一部がCO_2のせいでも、大きな害がありそうなら、対策を考えるのがいい（悪影響の検証は5章に回す）。
③ 昇温しても害がないのなら、ほうっておこう。
④ 昇温（とCO_2増加）が人類や野生生物に有益なら、歓迎しよう。

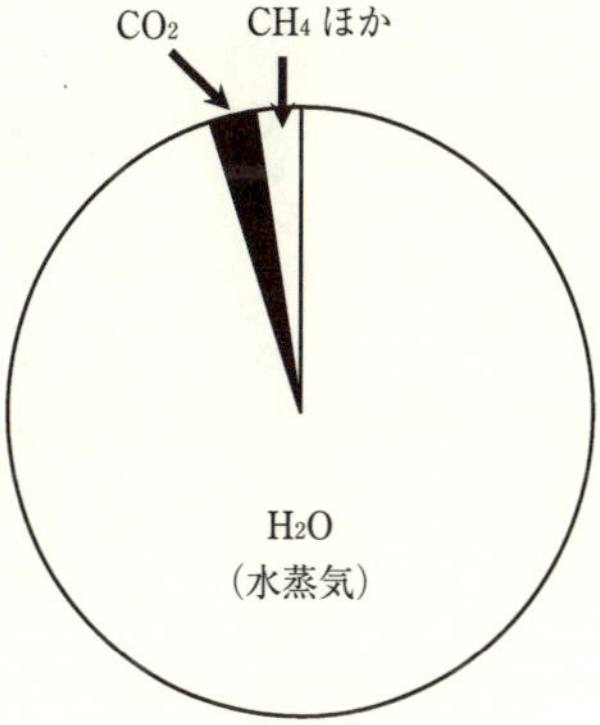

図1.8　温室効果の内訳

一五年ほど温暖化問題を追いかけてきた私の感性は、③や④に近い。そのわけを、次章以降でゆっくりご説明したい。

なお、「少しでも危険がありそうなら対策すべし」と主張する人は、いわゆる「予防原則」を曲解している（終章）。

2章　CO_2の調書②——善行録

前章の終わりで触れた文科系の一年生は、別の面でもおもしろい。彼らは小学校以来、理科の授業で光合成（CO_2の固定）を教わりながら、社会科などの授業では、CO_2が「温暖化を起こす悪玉」だと教わってきた（英語の教科書にもそんな話が載るという）。

小中学校の理科や高校『生物』に、光合成は一瞬しか登場しない。しかも、センター試験『生物』の問題を見るかぎり、光合成研究分野に三五年間もいる私が気にしたことのない「光飽和点」や「補償点」などというものを覚えさせ、いちばん大事なポイント（CO_2が主役の光→化学エネルギー変換）は教えていないようだ。

いきおい彼らは、「CO_2＝悪」のイメージをもって高校を出る。あらゆる生き物はCO_2のおかげで存在するのだと私が語れば、「なるほど…そうですよね」と気づいてはくれるものの、それまでは光合成のことをすっかり忘れている。

地球温暖化がまだ世間の大きな話題にならず、私自身もさほど関心がなかった一九八五年ごろ、大気中CO_2濃度のグラフ（1章図1・5の左半分）を見て、たちまち胸が躍ったのを思い出す。CO_2は作物の収量を増やし、世界の飢餓人口（八億人）を少しでも減らすのだから。植物（作物）を気にする性分は、光合成の仕組みが研究のテーマだったほか、農家に生まれ育ったせいもあるだろう。

以下、そんな人間の目でCO_2を解剖したい。

命の歴史

地球が生まれて四六億年たつ。遅くとも三五億年前の海中には、いまの陸上植物と同じく、光合成をして酸素O_2を出す単細胞植物が生まれていたらしい。海中の植物が出した酸素はじわじわと大気にたまり、一部が成層圏でオゾンO_3になった。

四億年ほど前、あぶない紫外線をさえぎるオゾン層が（まだ弱体ながら）でき、陸上にも生物が住めるようになる。そのころたまたま上陸した緑藻の一部が進化・分化していまの多彩な植物群に、やはりたまたま上陸した魚が、両生類・爬虫類を経て、ヒトを含む多彩な脊椎《せきつい》動物群になったといわれている。つまり地球の生物史は、三五億年前の海に生まれた光合成生物が織り上げたといってよい（図2・1）。

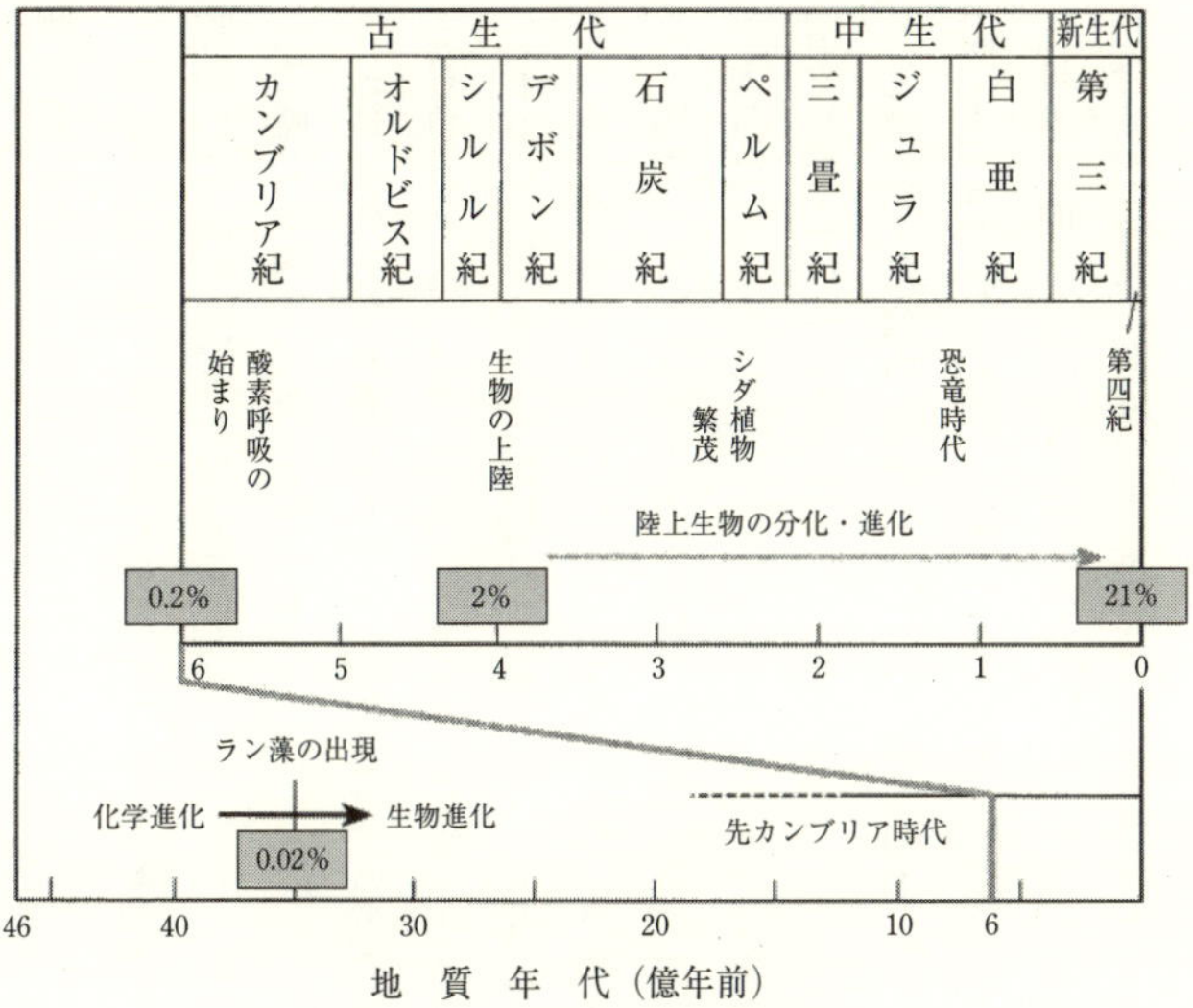

図 2.1　地球の歴史と光合成

内は大気中 O_2 濃度の推定値

時を四億年ほどさかのぼれば、ヒトもネズミもハトも共通の先祖（魚。種類は不明）に行き着き、杉の巨木もシクラメンも雑草も共通の先祖（緑藻）に行き着く…ということに気づいたら、自然界（地球環境）を見る目も変わるだろう。地球誕生からの四六億年を元旦から始まる一年とみたとき、四億年前は「つい最近」の一二月一日にあたる。

光合成のパワー

まずは、地球全体で光合成の規模がどれほどなのかを眺めよう。

陸上の植物と、水中の藻類・植物プランクトンは、合わせて年に約四〇〇〇億トンのCO_2を有機物に変える（CO_2の固定）。大気中にはCO_2が約三兆トンあるから、光合成はほぼ七年で大気のCO_2を総入れ替えする勢いをもつ。

なおCO_2は、光合成以外のルートでも地表と大気を行き来する。寒い時期の海はCO_2を吸い、暖かい時期の海はCO_2を吐く。こうした「海の呼吸」で出入りするCO_2も考えると、総入れ替えの時間は四〜五年に縮まる。

地球規模で化石燃料の消費が始まる一八五〇年（図1・2）より前は、生物の腐敗から大気に出るCO_2も、ほぼ四〇〇〇億トンだった。出入りがちょうどつり合う結果、大気中の濃度は約二八〇ppm（図1・5の破線）に保たれ、人間は「自然のまま」に生きていた。

一八五〇年以降、化石燃料由来のCO_2排出が増えていく。二〇一〇年時点の排出量三三〇億トン（図1・2）は、大気中総量（三兆トン）の一%にあたる。排出量の三〇%つまり一〇〇億トンが大気に残るなら（一九ページ）、二〇一〇年の人間活動は、大気中のCO_2を三〇〇分の一ほど増やしたことになる。

光合成と腐敗の勢いは、CO_2濃度のトレンド曲線に表れる。マウナロアで実測されたデータ（図1・5）の一部を、図2・2に拡大した。

日本と同じ北半球にあるマウナロアの周辺では、初夏（五月）から秋口（九〜一〇月）にかけて光合成が活発に進み、大気のCO_2を減らす。かたや晩秋〜冬〜春の期間は、生物の腐敗が光合成の勢いにまさるため、大気にCO_2が増えていく。

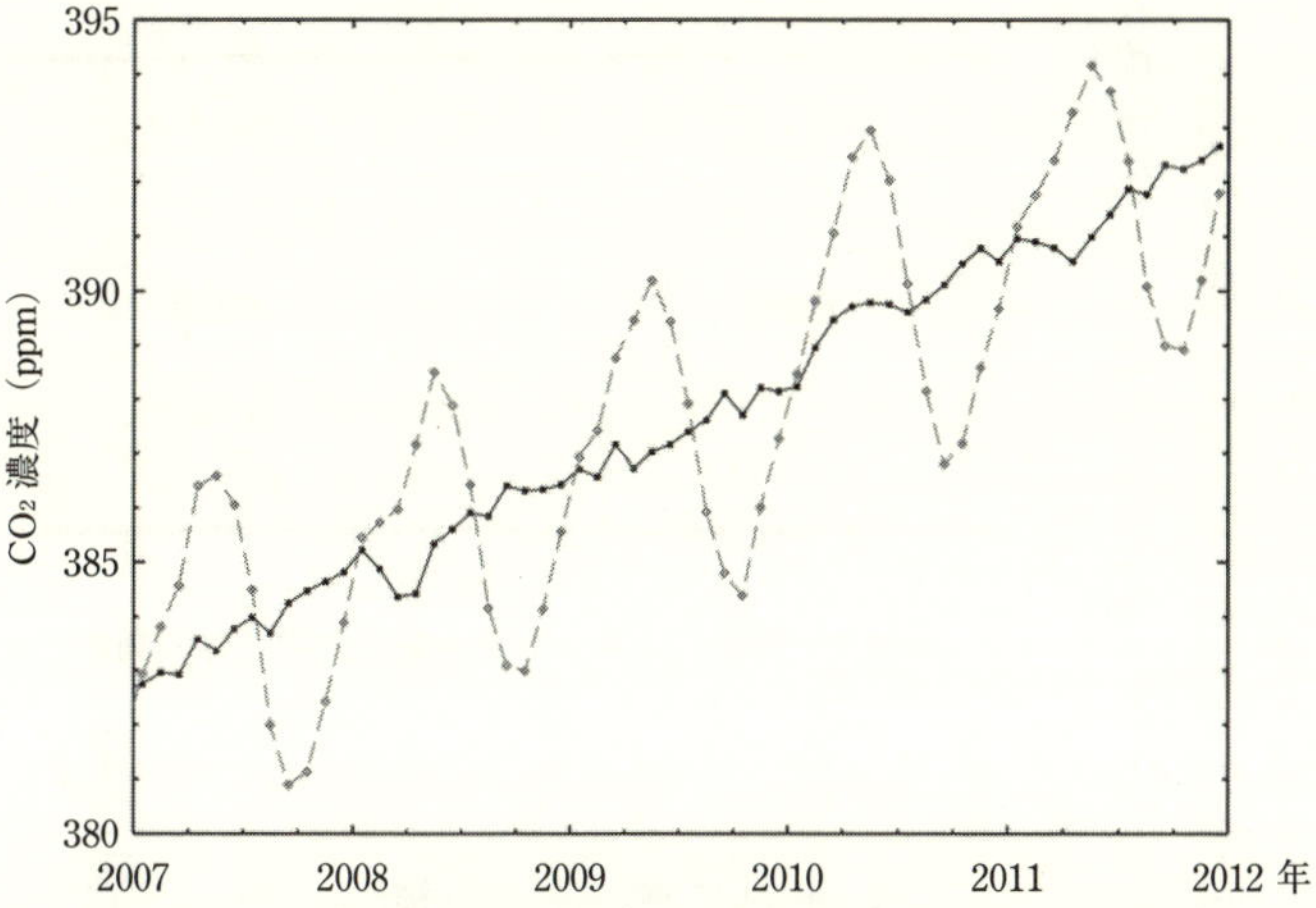

図 2.2　大気中 CO_2 濃度の推移：2007 年 1 月～2011 年 12 月

破線：実測値，実線：平均値

［マウナロア観測所の公開データ］

なお、一年のうちにCO_2濃度が示す変動は、北半球と南半球で逆パターンになり、たとえば南極だと五月から九月にかけてCO_2が増える。

図２・２の実線は、年間変動をならした平均濃度を表し、増加率は「約二ｐｐｍ／年」になる。光合成と腐敗を反映する現実の年間変動幅（八～九ｐｐｍ）は、およそ五年間もの増加分に等しい。また、初夏～秋口には暖かい海がCO_2を吐くけれど、光合成の吸収分が強く効くため、差し引きで大気中濃度は減っていく。

以上のことが、光合成をコアとする生物活動のパワーをよく物語っていよう。

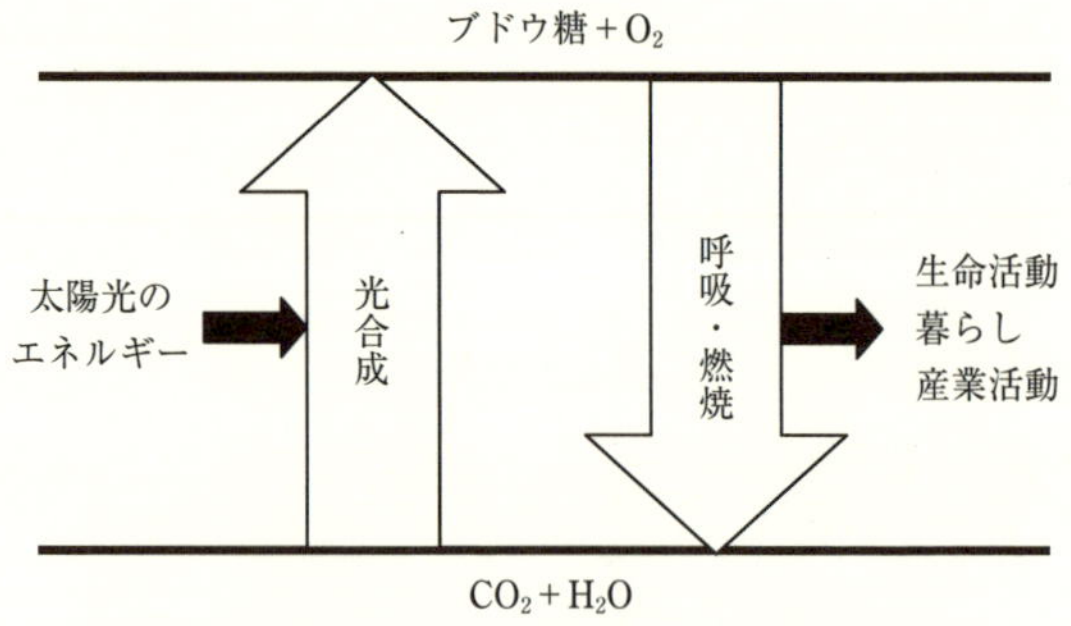

図2.3　物質に注目した光合成と人間活動の関係

光合成と暮らし

旧約聖書の「創世記」は、この一節で始まる。

神　光《ひかり》あれと言《いひ》たまひければ光あり。神　光を善《よし》と観《み》たまへり。

光合成のことは知らなくても、あらゆる生き物が太陽の恵みを受けている事実に、古代人も気づいていたのだろう。エジプト神話のラーも日本神話のアマテラスも太陽神だった。

高等植物の光合成器官は、太陽の光エネルギーを使ってCO_2と水を反応させ、ブドウ糖（グルコース）などの有機物と酸素O_2をつくる。たいへん安定な原料（CO_2とH_2O）からできる有機物は、とりこんだ光エネルギーの分だけ活性が高い。

有機物は酸素と反応し、原料だったCO_2とH_2Oに戻る。そのとき、とりこまれていた太陽光エネルギーが出てくる。生存用の物質を自力でつくれない動物は、植物がつくった有機物（食物）

を酸化し、そのとき出るエネルギーを体温の維持や活動に使う（図2・3）。
動物が植物に「生かされている」のをつかむには、食物を考えればよい。食卓の上を思い起こそう。野菜や果物は光合成の産物だし、牛肉や豚肉は、草（光合成産物）を食べて育った動物の組織だ。魚は、海の中で光合成する植物プランクトンや藻類を食べて大きくなった。酒も植物成分を化学変化させてつくる。

つまり、食卓に乗るもののうち、水と食塩以外のほとんどは光合成の産物とみてよい。ヒトが消化した有機物の炭素（C）分は、タンパク質や脂質、炭水化物などの形で体の素材になる。人体をつくる六大元素を表2・1にまとめた。元素六つで体重の九九％以上を占め、うち第二位の炭素は、体重六〇kgの人なら一四kgに近い。いうまでもなく体内の炭素は、もともと大気中のCO_2だった。

表2.1　人体の99.1%をつくる6元素

元　素	体重に占める割合（%）
酸素O	61
炭素C	23
水素H	10
窒素N	2.6
カルシウムCa	1.4
リンP	1.1

食物だけではない。木や紙が燃えて出る熱も光も、光合成でとりこまれた太陽光エネルギーにほかならない。また、暮らしと産業に欠かせない化石資源は、数億年前の光合成活動が生んだ有機物だから、燃やしたときに出る熱も光も、蛍光灯の光も、パソコンを動かす電気も、太古の地球に降りそそいだ太陽光エネルギーの化身だと心得よう。

光合成の産物は、木材や紙、綿や麻の形でも役に立つ。このように、私たちの命も暮らしも、産業活動も文化活動も、ほとんどは植物の営み

（光合成）に支えられている。

CO_2と植物史

およそ四億年前の陸上に進出した植物は、どういうCO_2濃度のもとで進化と分化をしてきたのだろう？

太古（地質時代）のCO_2濃度は、いろいろな方法で推定するしかない。たとえば、植物化石の葉に残る気孔の密度を調べる（CO_2が濃いほど気孔は少なくてすむ）。化石になった植物プランクトンやコケ類をじっくり調べても推定できる。間接的に太古のCO_2濃度を教えるそんな試料を、代替指標（プロキシ）という。

さまざまな推定値を、二〇〇六年の学術誌にロイヤーがまとめた。そのうち、二億五〇〇〇万年前（三畳紀）からの姿を図2・4に描いてある（三畳紀の前はペルム紀・石炭紀・デボン紀と古くなり、デボン紀以降が陸上生物の時代。図2・1）。推定のバラつきはかなり大きく、たとえば一億年前のCO_2濃度は「五〇〇〜二〇〇〇ppm程度」としかいえない。

とはいえ、太古のCO_2濃度が現在より何倍も高かったのはまちがいない。濃いCO_2のもとで植物は大いに茂り、化石資源のもとになったのだろう。しかし、図2・4が正しいのなら、大気のCO_2濃度は、一億五〇〇〇万年ほど前からじわじわと減ってきた。

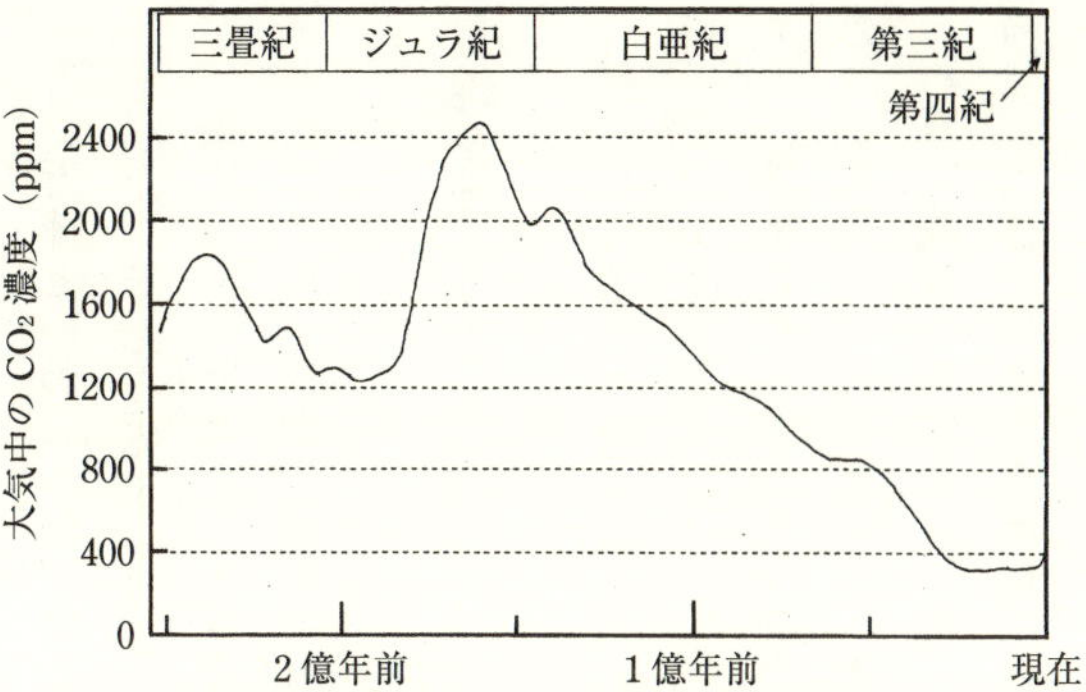

図2.4　過去2.5億年間のCO_2濃度

代替指標データのモデル解析結果

［D. L. Royer, *Geochim. Cosmochim. Acta*, **70**, 5665 (2006) の Fig. 1］

当時の気温はどうだったのか？　三畳紀〜白亜紀の約二億年間は、いまより五〜一〇℃ほど高かったと推定される。ただし、CO_2濃度の低下時期（図2・4の右半分）に気温がほぼ一定のままだったり、ジュラ紀と白亜紀の中間で八℃ほど冷えたりしているため、CO_2濃度と歩調を合わせていたわけでもなさそうだ。

また、三畳紀の陸地は全大陸が合体した「パンゲア大陸」で、いまとは位置が異なるうえ、気温を大きく左右する海流（6章）もまったくちがっていたはずだから、推定気温は直接の参考にならない。

古い時代までたどれる植物に、おなじみのイチョウがある。いまの姿に近いイチョウの化石がジュラ紀（ほぼ二億年前〜一億四〇〇〇万年前）の地層から出る。一億年前（白亜紀）の地層から出る化石は、現在と同じ姿だという。つまりイチョウは、減り続けるCO_2に一億年間も耐え続けてきたことになる。

余談ながら、一九世紀のヨーロッパ人はイチョウを絶滅種とみていた。日本に生育していると知ったダーウィン（一八〇九～八二年）が、「生きた化石」と呼んだ逸話は名高い（なお、イチョウの精子は一八九六年に帝国大学の平瀬作五郎が発見）。五〇万種といわれる現生植物のご先祖は、いまの二～六倍ほど高いCO_2濃度に二～三億年間も適応した。そんな先祖のDNAを受け継ぐ生物にとって、CO_2濃度わずか四〇〇ppmの大気が、快適な環境であるはずはない。

そのことを、次節の話がありありと語る。

食糧を増やすCO_2

野外の耕地だとやりにくいが（ただし不可能ではない）、ハウス栽培ならCO_2濃度を変えやすい。CO_2を増やすには、ハウス内で灯油やプロパンを燃やしたり、液体CO_2のボンベからハウス内に供給したりする。作物の種類や天候に応じ、CO_2濃度を八〇〇～一五〇〇ppm（大気中の二～四倍）に高めることが多い。

ハウス栽培の効率化を目的に、CO_2濃度を高めた栽培試験が何千も行われてきた。おなじみの植物（主体は作物）を例に、CO_2がどれほどの恵みになるのかを、「乾燥重量の増加率」の形で表2・2にあげた。小麦やコメ、大豆の栽培試験はさすがに多い。

一見してわかるとおり、CO_2濃度を天然プラス三〇〇ppmや六〇〇ppmに上げると、どの作物も数十％レベルで収量が増す。一九五八年からこのかたＣＯ$_2$濃度は八〇ｐｐｍほど上がったため（図１・５）、その半世紀間、田畑の作物も一部は収量が一割くらい増え、飢餓人口の減少に貢献してきた。

表 2.2　CO_2 濃度を上げると増える作物の収量

作　物	CO_2 増加がもたらす収量の平均増加率*			
	＋300 ppm	報告数	＋600 ppm	報告数
小麦	1.32 倍	235	1.50 倍	14
米	1.36 倍	188	2.41 倍	22
大豆	1.47 倍	179	1.70 倍	26
トマト	1.33 倍	45	1.41 倍	39
ジャガイモ	1.30 倍	33	1.60 倍	17
トウモロコシ	1.21 倍	20	1.33 倍	10
ナタネ	1.53 倍	20	1.37 倍	3
大麦	1.39 倍	19	1.51 倍	4
インゲン豆	1.64 倍	17	1.72 倍	6
キュウリ	1.50 倍	9	1.46 倍	11
ブロッコリー	1.29 倍	5	1.60 倍	9
アルファルファ	1.33 倍	73		
クローバー	1.65 倍	49		
ポンデローサ松	1.63 倍	47		
ピーナッツ	1.60 倍	38		
綿	1.61 倍	37		
砂糖ダイコン	1.66 倍	32		
シラカバ	1.3 倍	31		
ヨシ	1.15 倍	24		
アカザ	1.39 倍	16		
菊の一種			1.33 倍	14

＊　測定値にはバラつきがあり，たとえば「＋300 ppm の米」は「1.36 ±0.02 倍」，「＋600 ppm の小麦」は「1.50 ±0.11 倍」となるが，表には平均値だけ載せた。

[http://www.co2science.org/data/plant_growth/dry/dry_subject.php から抜粋]

CO_2濃度を高めたハウス栽培を、「大気にCO_2を出して温暖化を促す」と嫌う人もいるけれど、そんなことより、食糧増産というプラス面のほうがずっと大きい。

植物はCO_2を葉の気孔から吸う。野外大気のCO_2濃度が今後三〇〇ｐｐｍも上がってくれるかどうかは未知数ながら、濃度が高いほど気孔の数（や開放時間）を減らせるため、同じ気孔から外に出る水蒸気も減り、乾燥に強くなるというボーナスもある。

なお、現実の大気に関係はないが、CO_2濃度を大気中より下げる栽培実験もずいぶん行われてきた。たとえば濃度を二〇〇ｐｐｍに下げたときの収量は、トマトが三〇％の減で、キュウリが六〇％の減というデータがある。

CO_2濃度が一五〇ｐｐｍよりも低いと、発芽さえ満足にできない。南極の氷に閉じこめられていた気体の分析結果が正しければ、過去五〇万年間で四回あった氷河期には、CO_2濃度が一八〇ｐｐｍだったという。もう少し下がっていたら、植物はおろか動物もことごとく滅び、地球は死の惑星になっていたはず。

緑化を続ける地球

大気に増えるCO_2は、むろん地球の緑化を進めてきた。さまざまな機関が一九八〇年代から衛星観測（リモートセンシング）を行い、いくつもの学術論文になっている。観測結果は例外なく、

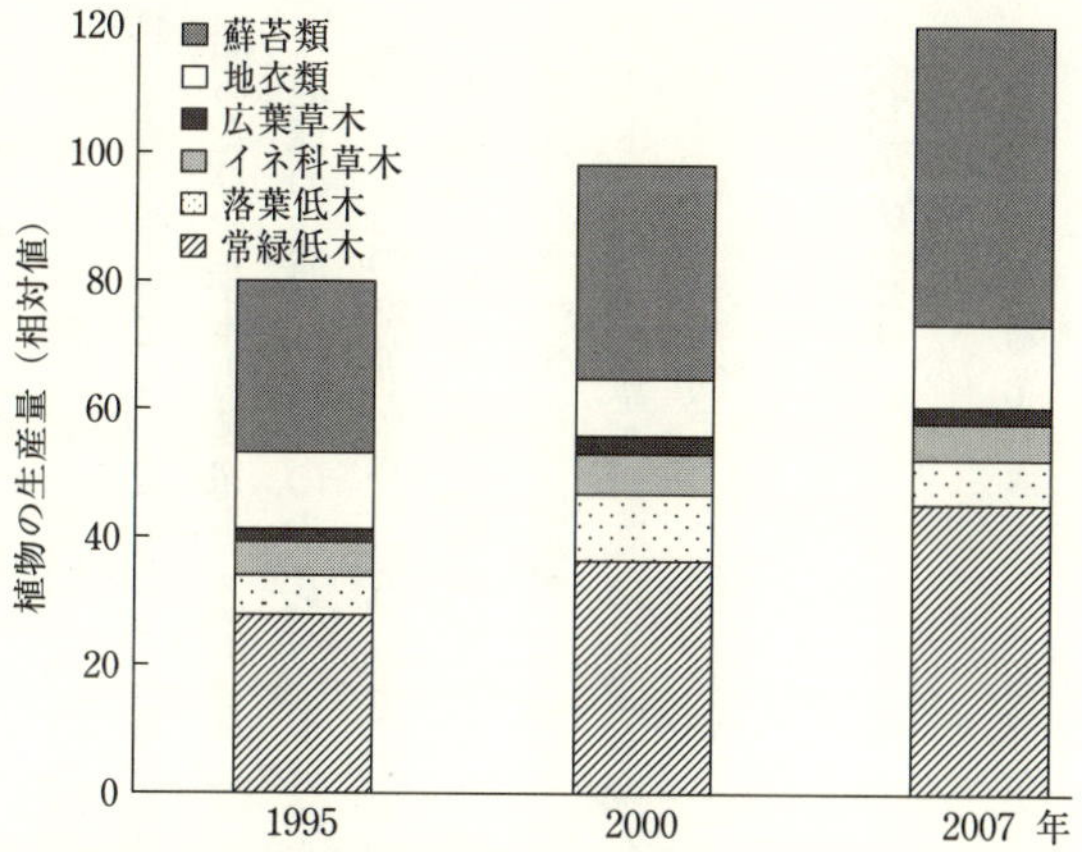

図 2.5　北極圏カナダのバイオマス増加：1995 → 2007 年
［J. M. G. Hudson, G. H. R. Henry, *Ecology*, **90**, 2657 (2009) の Fig. 2］

地球の緑化をまざまざと語る。

たとえば二〇〇三年の「サイエンス」誌（三〇〇巻一五六〇ページ）論文に載った世界地図を眺めれば、いま地球全体で緑がじわじわ増えているとわかる。

北極圏カナダでの観測例を図2・5に示す。一九九五〜二〇〇七年の一二年間に、コケ類から常緑樹までほとんどの植物が量を増やし、全体では五〇％の増加になる。

一九八〇年代の初めごろからサハラ砂漠南部（サヘル地域）の緑化も進んでいる。その事実は、二〇〇五年の学術誌に詳しく載ったほか、二〇〇九年七月の「ナショナル・ジオグラフィック」誌ウェブ版が大きくとり上げていた。

当然ながら、ローカルな開発が森を減らした場所もある。ブラジルの南部や（ただしアマゾン流域は快調に緑化中）、東南アジアの一部、アフリカのギニアからガーナに至る沿岸域、タイ～ラオスの奥地などがそれにあたる。とはいえ、リモートセンシングあれこれの結果を見るかぎり、地球全体の緑が増えてきた事実を疑う余地はない。

しかし日本のメディアは（海外のメディアも大同小異らしい）、ローカルな森林減少は報じても、科学界の常識になっている「地球全体の緑化」はまず報じない。だから講義や講演で緑化のことを語るたび、学生も聴衆も一瞬、狐につままれたような顔をする。

地球の気温はほんの少しずつ上昇中のようだから、CO_2の増加だけが緑化の要因ではないにせよ、CO_2の増加が大いに効いているのはまちがいない。

米国のＥＰＡ（環境保護庁）は二〇〇九年の一二月、あろうことか、食糧と緑を増やすCO_2を「規制すべき大気汚染物質」と認定した。いわゆる炭素税の布石だったろうけれど、クライメートゲート事件（７章）以降に世論も変わった二〇一一年の九月中旬、その結論を「保留」にしている。近いうち撤回すると信じたい。

光合成の効率

植物は、太陽光エネルギーの何％を物質のエネルギーに変えるのか？　そのポイントは「再生可能エネルギー」（10章）の話にからむ。効率を「高い」とみる人も「低い」とみる人もいるため、事実を眺めておきたい。

光合成の効率は、植物が受けた太陽光の全エネルギーあたり、できる物質（ブドウ糖など）の化学エネルギーをいい、光合成の仕組みから簡単に計算できる。以下、仮想の理論値（◇）と現実の値（◆）を紹介しよう。

◇　八％（植物が可視光をすべて吸収し、光エネルギー変換だけをするとみた場合）
◇　六～七％（緑以外の可視光を吸収し、光エネルギー変換だけをするとみた場合）
◆　二～三％（水・養分・気温が十分なとき、固定エネルギーのほぼ半分を消費しながら育つ現実の植物。真夏の数週間、稲やトウモロコシの実測値がこうなる）
◆　約一％（栽培植物が生育期間を通じて示す平均値。稲なら約五ヵ月が生育期間）
◆　〇・二～〇・三％（野生植物が通年で示す値）
◆　約〇・一％（砂漠や外洋に降る太陽光も考えたとき、全球の植物が通年で示す値）

地球表面に降る太陽光エネルギー量に「約〇・一％」をかければ、一年間に光合成で固定されるCO_2が四〇〇〇億トン（二五ページ）になる。

約五〇万種の陸上植物はみな緑藻の子孫だから、光合成器官のつくりも完璧に等しい（いま海に棲むアオサやミルなどの緑藻も同じ）。そのため、よい条件にしてやれば、稲も雑草もまったく同じ効率（生育期間を通じた値＝約一％）で光合成をする。

温暖化にからむ研究や技術開発で藻類を扱う方々の多くは、藻類の光合成効率は高いというが、それは正しくない。世代交代（細胞分裂）が速いので見かけの変換効率は大きくなっても、光合成の効率そのものが高いわけではない。

愚かしい「低炭素」

いま私たちは、大気中のCO_2が食糧を増やす美しい時代を生きている。そんなCO_2を毛嫌いし、減らそうとする「低炭素社会」の発想は、狂っているとしかいいようがない。

理科のエコ（エコロジー＝生態学）とは、「生物と環境を調和させる営み」だ。その原点は光合成だから、大気にCO_2が増えることこそエコになる。無理やり増やす必要はないが、増えるのを嫌う理由は何もない。つまり理科の目で見ると、CO_2の削減は「反エコ」になる。

近ごろ大手を振ってまかり通る「エコ」は、（生物としてのヒトではなく）人間活動と環境の調和、つまり「いつまでも人間社会が続くよう、資源を大切に使うこと」を意味する。いわば人間中心主義だから、本来のエコを縮小（歪曲？）解釈した言葉だろう。

しかしそうだとしても、1章で見たとおり化石資源の消費を減らせていない以上、「縮小エコ」も当面はお題目にすぎないといえる。

本章では「エコ」の理科面を考えた。社会面は9章～終章で考える。

3章　「地球」温暖化？

ご記憶の読者もおられよう。二〇一〇年の夏はモスクワ一帯を熱波が見舞い、一部のメディアは「温暖化」を匂わせながらそれを報じた。けれど、同じころシベリアの中部やアラスカ、南米が寒かった事実はほとんど報じていない。また、同年一月〜三月のモスクワが平年よりだいぶ寒かったことも報じなかった。

同じ二〇一〇年の九月五日、京田辺の無人測候所で三九・九℃を記録し、大きなニュースになった。だが数日後、観測器を草が覆って見かけの気温を上げた可能性が浮上。しばらくは「測定に問題ない」としていた担当部署も、一〇月一日に「新記録」を撤回している。

暑い寒いはローカル性がたいへん大きい。また、たとえば「札幌の気温」とは、札幌市全体の空気をかき混ぜて測ったものではなく、どこか一ヵ所に置いた温度計一本の読みだから、「温度計の周囲に何があり、それが時とともにどうなっていくか」でずいぶん変わる。以下、そんな目で気温

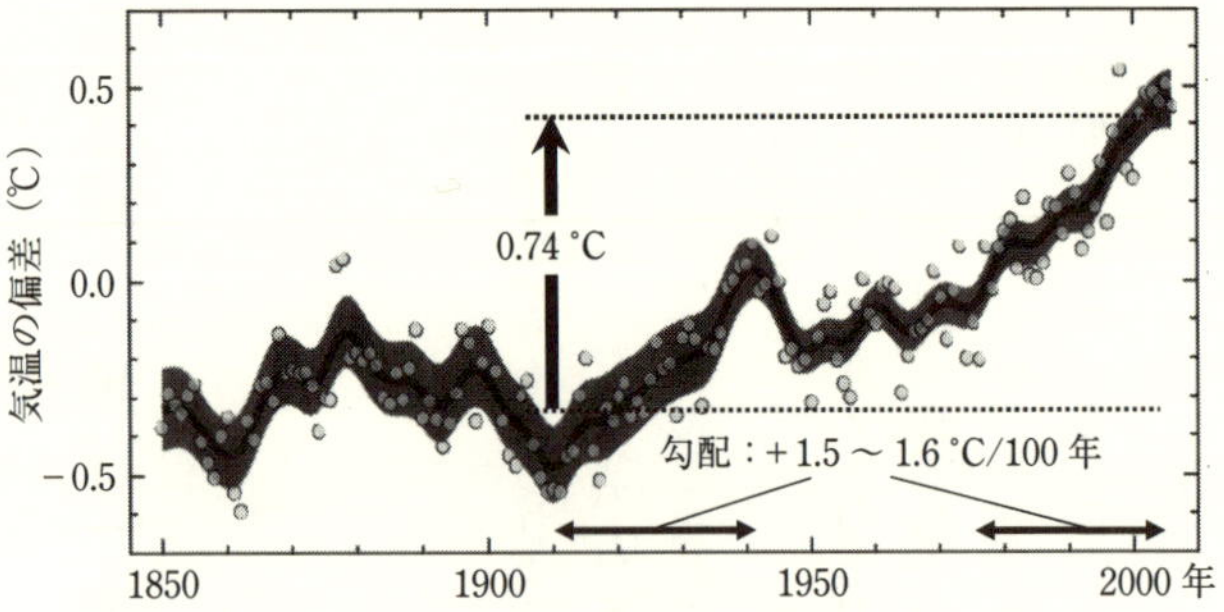

図 3.1　IPCC が発表した「世界の平均気温トレンド」
縦軸の「偏差」は1961 ～ 90 年の平均値からずれた度合いを表す。
[2007 年の IPCC 第四次「統合報告書」の Fig. 1-1]

のことを考えよう。

恐怖のグラフ

二〇〇七年、ＩＰＣＣ（気候変動に関する政府間パネル）は第四次報告書の冒頭に図３・１を掲げ、次の二点を主張した（ＩＰＣＣと報告書の素性は７～８章で解剖）。

①　世界の平均気温は、一九〇六～二〇〇五年の一〇〇年間に〇・七四℃上がった。

②　二〇世紀後半からの昇温〇・六℃は、確率九〇％で人為的CO_2が起こした。

図のグラフは、人類に襲いかかる恐ろしい竜の体と見えなくもない。とりわけ一九七〇年代からの三〇年余りは、「一〇〇年で一・五～一・六℃」もの「恐ろしい地球温暖化」が進行中…かと思えてしまう。

四分冊・計三〇〇〇ページに及ぶ報告書の中でIPCC関係者は、温暖化が起こすという悪影響の話も、対策の話も、①と②を大前提にして繰り広げた。むろん彼らは二〇〇七年以降、ことあるごとに図3・1を使ってCO_2脅威論を唱え続ける。

世界のCO_2排出が本格化する前の一九一〇～四〇年にも「一〇〇年で一・五～一・六℃」の昇温が起きたとか、一九四〇～七〇年代は気温が下がりぎみだったとか、おかしな点もあるけれど、そちらは②にからむので4～6章に回す。また、一九世紀から二〇世紀の初めまでは、温度計の質も管理も万全ではなかったかもしれない。

なお、図3・1のデータは二〇〇五年までだが、じつはここ十数年（一九九八～二〇一一年）、いま大気のCO_2濃度（1章の図1・5）は平常運行中なのに「地球温暖化」が止まったらしく、いま研究者は首をひねっている（それも4章で扱う）。

図3・1の昇温は怖いのか？　世界の平均気温は、各地の気温と連動するのか？　気温データはどれほど信用できるのか？…その三つを本章のポイントにしよう。

図3・1は、世界各地の地上に置かれた温度計（数千本）の読みからできた。以下の話では、その「地上」がキーワードになる。

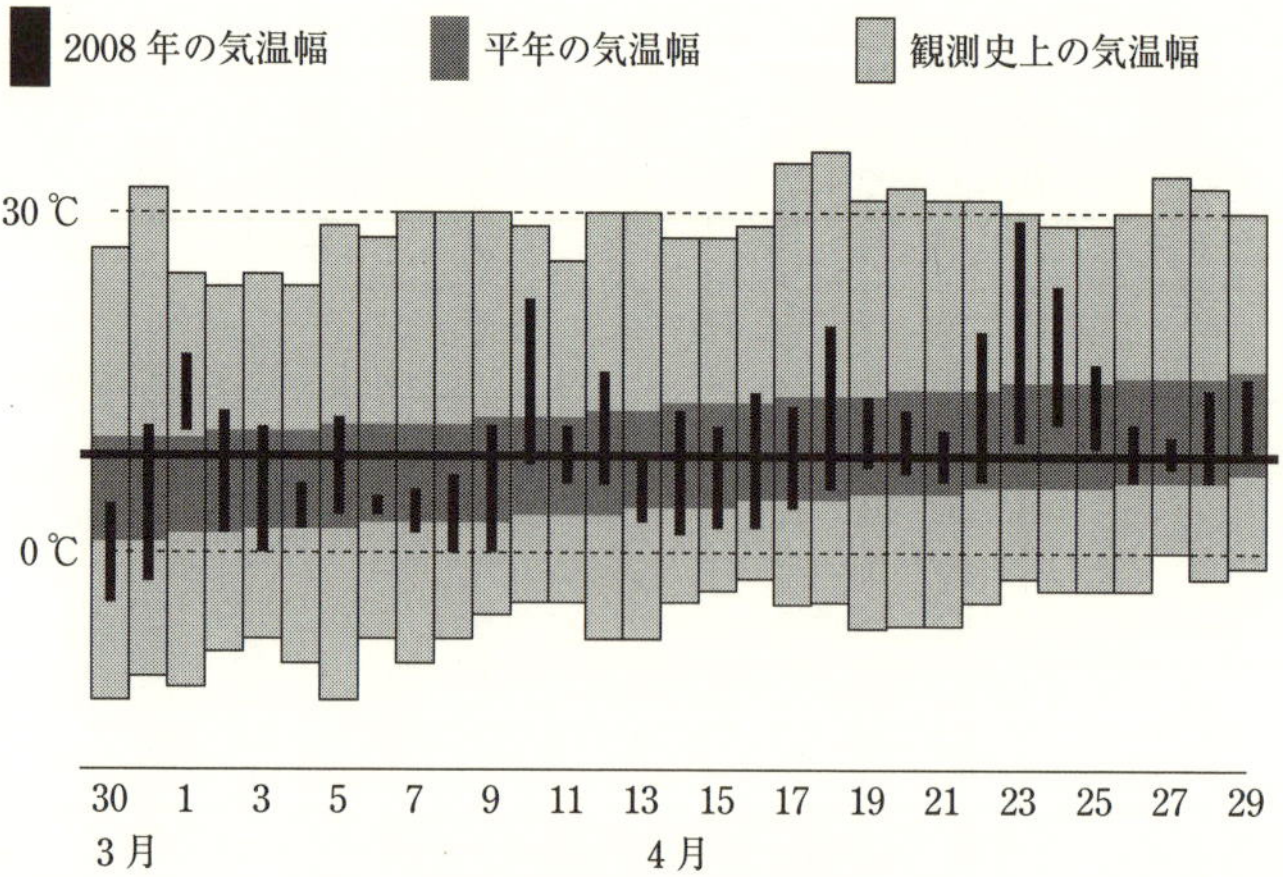

図 3.2　ボストンの気温

2008 年春の実測値と過去 130 年の動向
やや太い水平線の幅が 0.74 ℃。
［原図：MIT の R. Lindzen 教授提供］

現実の気温―ボストン

マサチューセッツ工科大学（ＭＩＴ）のリンゼン教授が送ってくれた資料の中に、ボストンの気温データ（二〇〇八年三月三〇日～四月二九日の一ヵ月）がある。本章にぴったりの素材だと思い、説明を和訳して図３・２とした。

黒い縦の棒（最高～最低気温）が二〇〇八年の実測値、灰色の帯が平年の最高～最低気温、いちばん長い上下の短冊が一三〇年間の最高～最低値を表す。一三〇年間のうちには、春なのに三〇℃を超す真夏日も、氷点下一〇℃を切る寒い日もあった。

日に一〇℃の変化はふつうだし、最高気温や最低気温が日ごとに一〇℃ちがうのも珍し

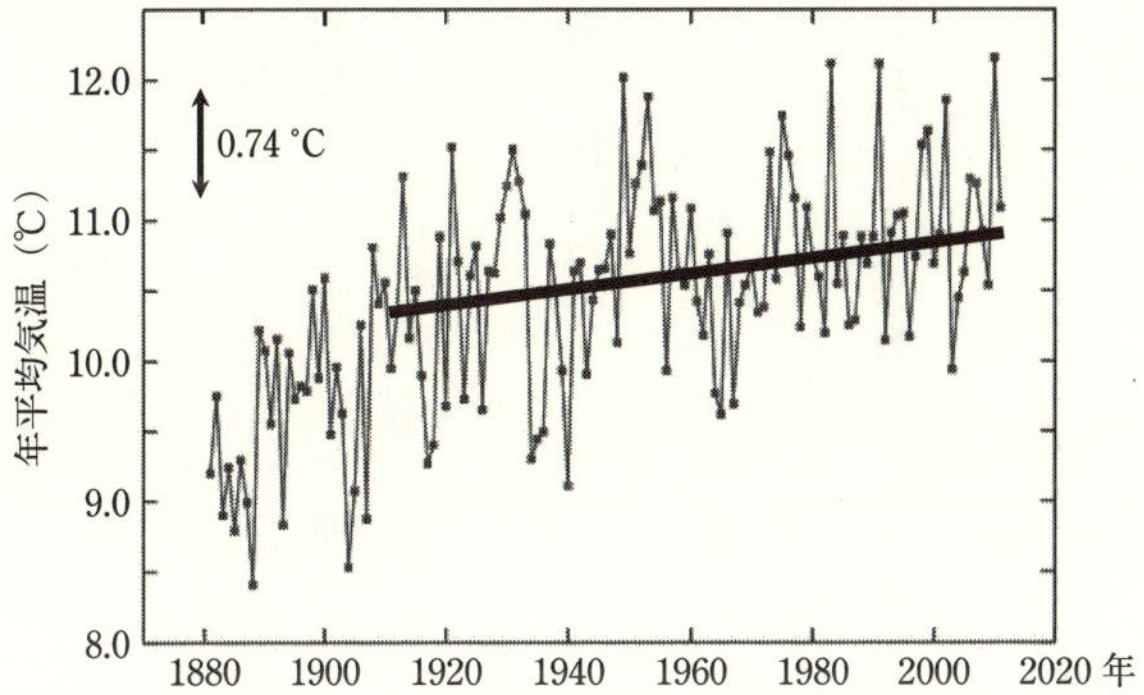

図 3.3　ボストンの気温：1880～2010 年

1923 年以降の太い実線は著者が追加。0.74 °Cの意味は図 3.1 参照。
［NASA の情報サイト http://data.giss.nasa.gov/gistemp/station_data/ ］

くない。ボストンでは三月三一日から四月一日にかけ、最低気温が一五℃近くも上がっている。

　中央のやや太い水平線は、温度の値を一ヵ月の平均気温（九℃）に合わせた。ただし値ではなく、線の幅に注目しよう。その幅こそが、先ほどの「〇・七四℃」にあたる。図3・1の「恐ろしい竜」も、この線にすっぽり隠れてしまうのだ。

　日ごろ〇・七四℃の変化に気づく人はいない。まして一〇〇年間の話なら、たとえ〇・七四℃の昇温が事実でも、暮らしへの影響はありえない。

　さてボストンの年平均気温は、一三〇年間で図3・3のように変わってきた。温度計は、一九二三年（開港年）からローガン国際空港にある。それ以前の設置場所も、二〇世紀初頭までに見える昇温の理由も不明だけれど、昔の気温測定は万全とはいえないし（前節）、少なくとも人為的CO_2とは関係しないため、ここでは考察の対象にしない。

一九一〇〜二〇一〇年の一〇〇年間を直線変化とみて、図の中に太い線を引いた（これほど変動の大きいデータを統計処理しても仕方ないため、目分量で引いた線）。「一〇〇年で〇・六〜〇・七℃」の勾配は、小氷期からの回復（6章）といわれる値より少しだけ大きい。そうならば、一〇〇年間のわずかな昇温は、かなりの割合までが自然変動だろう。

ローガン空港は中心市街から五kmほど離れた海上の埋立て地にある。そのため、都市化の影響を激しく受けた東京（次節）とはちがい、理想の測定環境を保ってきたのではないか。

いずれにせよ、図3・1と図3・3の顔つきはまったくちがう。

都市化のパワー

東京の気温も一三〇年前から気象庁が測ってきた（図3・4）。当初は皇居内の濠端に置いた温度計を一九二三年、五〇〇mほど離れた大手町の気象庁構内に移している（一九六四年に少しだけ移動）。以後の昇温はすさまじく、八八年間に三℃も上がった。

ニューヨークやモスクワ、ソウル、シドニーも東京と同様、過去一〇〇年で二・五℃〜三℃の昇温を示す。日本の大都市も例外ではなく、一〇〇年間で札幌は約三℃、名古屋・大阪・福岡はともに約二・五℃、それぞれずっと上がり続けた。

激しい昇温は都市化が起こす。そのおもな要因には次の四つがある。

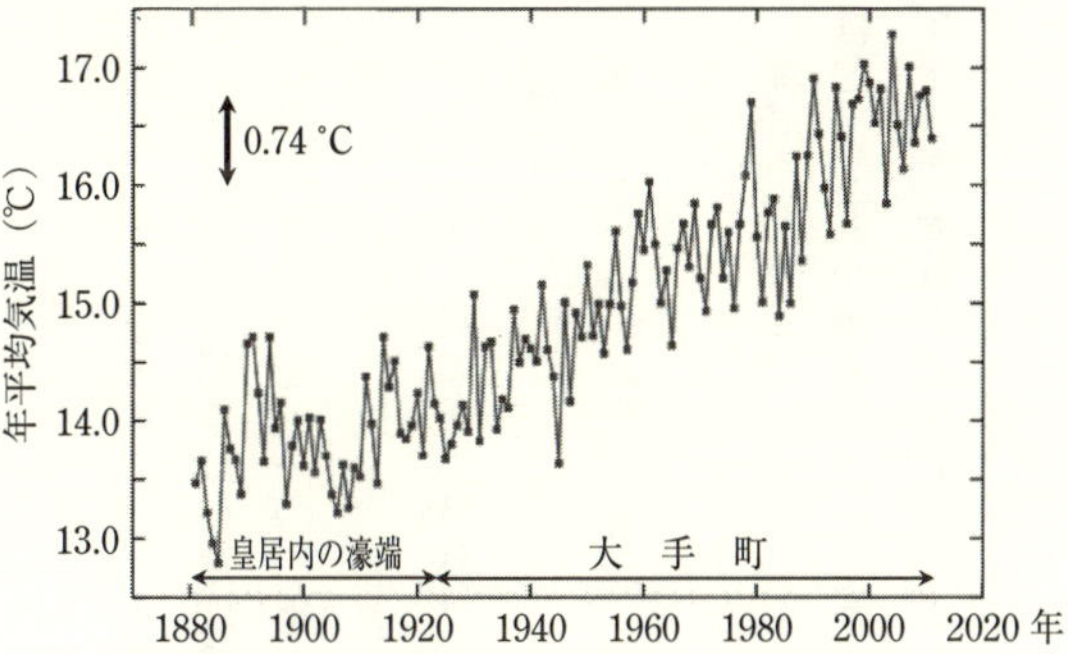

図 3.4　東京の気温：1880～2010 年

［NASA の情報サイト http://data.giss.nasa.gov/gistemp/station_data/］

- エネルギーの集中消費（電気もガスも最後は熱になる）
- 車の増加（走行中の乗用車一台は、三〇～四〇kWの強力ヒーターと同じ）
- 高層ビルの増加（通風が弱まって起きる「日だまり効果」）
- 植物の減少（まわりを冷やす蒸散作用の低下）

たとえば車はどれほど効くか。いま東京都には車が約四四〇万台ある。うち二％ほどの一〇万台が昼間の都心（山手線が囲む面積の一・五倍＝一〇〇平方km）を走ると考え、車の発熱量と空気の熱容量（比熱）を使って計算してみると、厚み数百mの空気層がかるく一～三℃は上がる。

統計数字が残る一九六六年の時点で東京都の車は一二〇万台だったため、当時から四倍近くに増えている（ちなみに全国の台数は一五倍増）。こうしたことから、図3・4に見える昇温の三分の一ないし半分（以上？）は、車だけで起きた可能性が高い。

図3・4のような激しい昇温は、どれほどが都市化のせいなのか？　いいヒントになるのは、市町村の人口密度（もっといいのは、人口密度の増加トレンド）だろう。二〇一〇年にアラバマ大学のスペンサーが米国の三六七市町村を対象に、気温上昇ペースと人口密度の関係を調べ、昇温の度合いと人口密度にきれいな関係を見つけている。

昇温の度合いを「一〇〇年あたり何℃」にすると、一平方kmに四〇〇人以上が住む都会（一一二ヵ所）は平均二℃以上、二五人以下の村（五五ヵ所）は平均〇・九℃だった。結果をグラフ化し、人口密度をゼロに近づければ、過去一〇〇年間のボストンに近い〇・五～〇・六℃となる。それが「自然な昇温」なのだろう。

東京の昇温（一〇〇年で三℃）はその五～六倍もあるから、八〇％以上は都市化のせいだと考えられる。

都市化はどこまでも進みはしない。図3・4をよく見ると、二〇世紀末から現在までの一五年間ほど、気温が頭打ちになった感がある。ひょっとしたら、今後はそのレベル（一六・五～一七℃）で上下動を繰り返すだけかもしれない。

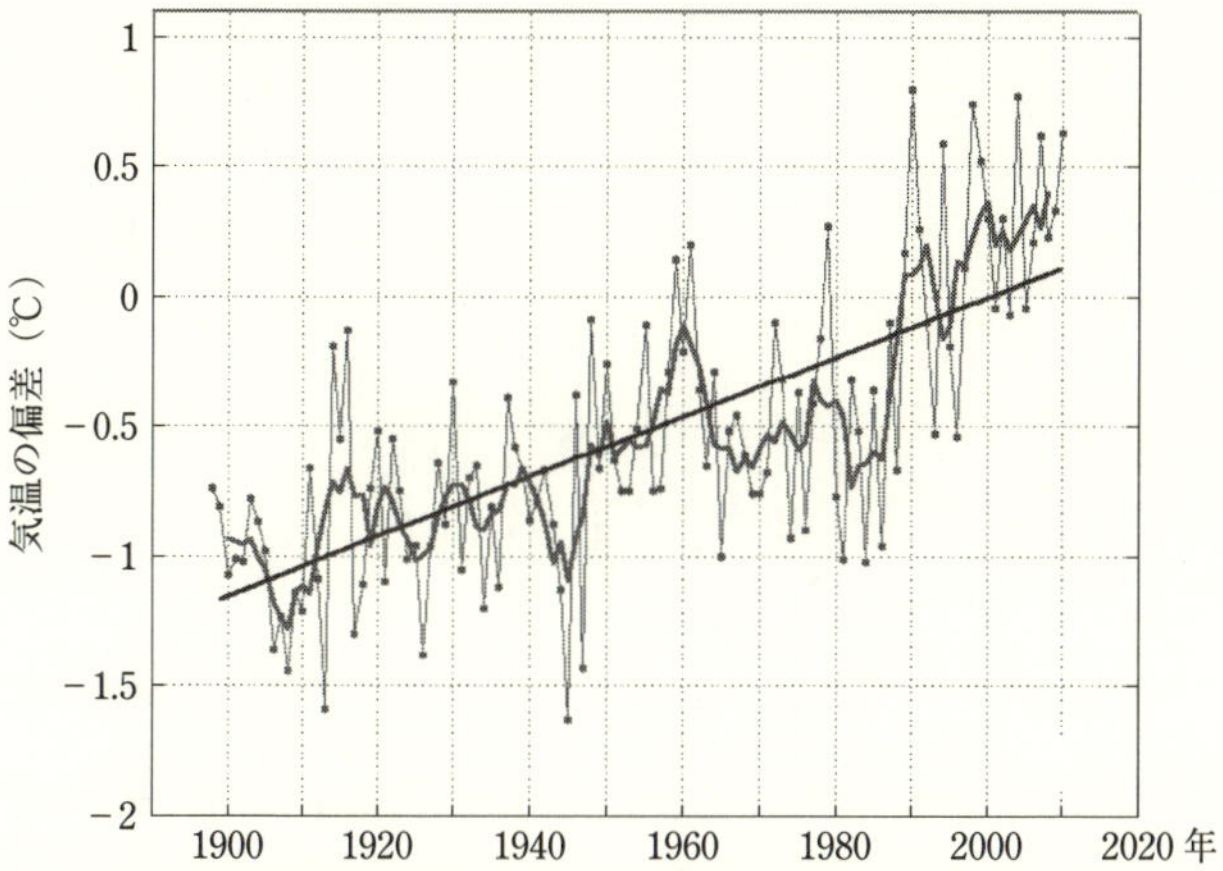

図 3.5　気象庁が発表した「日本の平均気温トレンド」

縦軸の「偏差」は，1981～2010 年の平均値からずれた度合い。右上がりの直線は「100 年間に 1.15 ℃の温度上昇」を表す。
［気象庁 HP 上の 2011 年 5 月版］

日本の温暖化？

気象庁はホームページに図3・5を載せ、「一〇〇年に一・一五℃のペースで温暖化中」と説明する。小数点以下の「一五」に意味があるとは思えない点はさておき、「一〇〇年に一・一五℃」は大いに疑わしい。

いま日本では、アメダス（自動気象データ観測網）を主力に使い、約九〇〇の地点で気温を測る。図3・5の根元は、九〇〇地点から選んだ一七地点（網走、根室、寿都《すっつ》、山形、石巻、伏木《ふしき》、長野、水戸、飯田、銚子、境港、浜田、彦根、宮崎、多度津、名瀬、石垣島）の気温データで、おもな選定理由は次の三つだという。

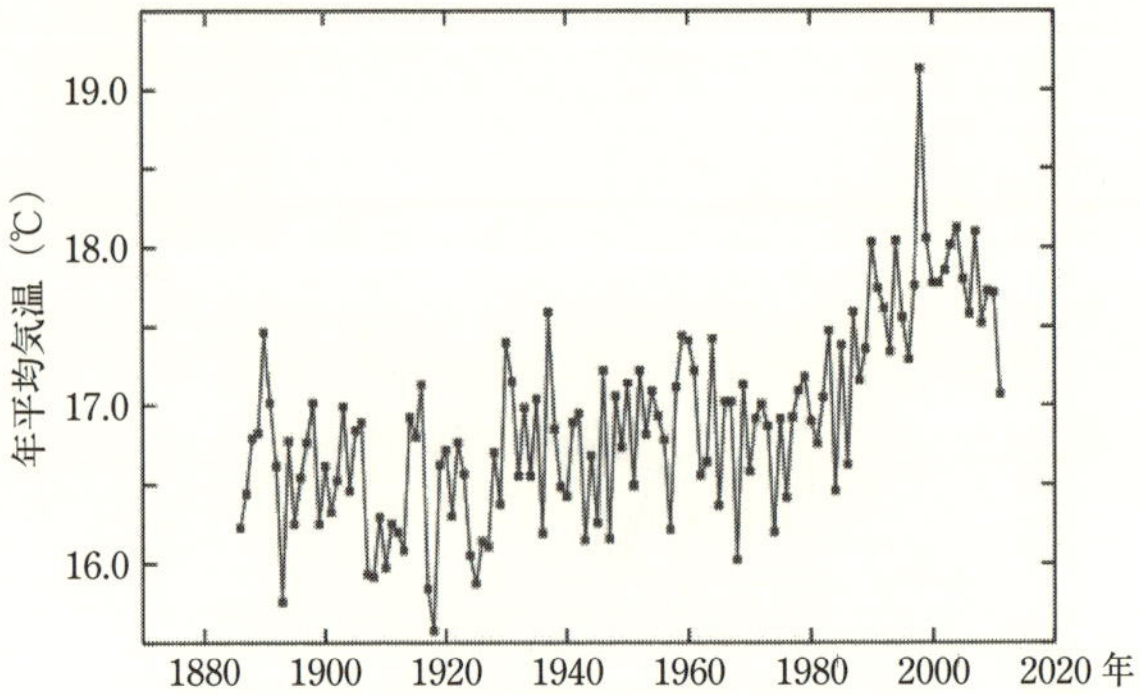

図 3.6　宮崎の気温：1886～2010 年

［NASA の情報サイト http://data.giss.nasa.gov/gistemp/station_data/］

① 一八九八年からの長い観測歴がある。

② 全国の広い範囲をカバーする。

③ 都市化の影響をあまり受けていない。

①と②はよくわかる。しかし③は、「人為的CO_2温暖化説の証拠にする」意図としか思えない。事実、図3・5（の旧版）はおびただしい温暖化警告本や小中高校の教科書などに載り続け、「日本の温暖化物語」を支えてきた（終章も参照）。

だが③には大きな問題がある。たとえば一七地点の一つ宮崎の気温は、図3・6のように変わってきた。右端から三分の一ほどを手で隠せば、上下動はあってもさほど特徴のないグラフになる（一九一〇～七〇年には〇・五℃くらい昇温した?）。大きな変化は七〇年代に始まり、以後一℃ほど上がっている。

若い方々には実感もないだろうが、一九六〇～七〇年代までの日本は（場所ごとに程度の差はあれ）だいたいが

「田舎」だった。生まれ育った山陰の農村だと、六〇年以前は車がめったに通らず、電化製品もほとんど使っていない。けれど八〇年代以降には農家が二台や三台の車をもつなど、エネルギーの使用量が激増した。

一九七〇年代に始まる宮崎の昇温も、都市化の影響をそうとう受けているだろう。図3・6をよく見ると、二〇世紀末から昇温が止まった気配がある。東京（図3・4）と同じく、やはり都市化の飽和を表しているのではないか。

日本の気温観測点については、東北大学の近藤純正名誉教授が各地に足を運んで現状をつぶさに調べ、「まともな観測点は寿都・宮古・室戸岬の三ヵ所しかない」と断じている。見た目は田舎の観測点も、まわりの樹木が育ったり、そばにビニールハウスができたりで、「日だまり効果」が気温を上げているという。

近藤先生がお墨つきを出した三ヵ所のうち、気象庁は一ヵ所（北海道の寿都）しか使っていない。その寿都にしても、近くの余市高校を出た友人にいわせると、「車もかなり増えたし、田舎のままであるわけはない」とのこと。

図3・6の宮崎にせよ、網走などほかの中小都市にせよ、「都市化の程度が小さい」という気象庁見解は、住民の方々に失礼というものだろう。一七地点とも気温トレンドはよく似ていて、おおむね人口に比例する形の昇温が一九七〇年代以降に進んでいる。

郷里に近いため見当のつく鳥取県の境港や島根県の浜田にしても、一九六〇〜七〇年代からずいぶん都市化が進んだ。それが温度計の読みにほとんど表れないなどと、のんきに構えるのはまちがいだろう。

つまり図3・5のグラフは、おもに「一九七〇年代以降の都市化」を語りはしても、「日本の温暖化傾向」を表すものではない。

ローカル気象

東京から一八〇㎞離れた三宅島では、一九四二年から気温を測ってきた。その結果を見ると、年ごとの上下動パターンは東京と瓜二つなのに、過去七〇年近く気温は一七~一八℃の間で横ばいを続け、上昇傾向はあまり見えない。

また、気温トレンドが東京（図3・4）に近いニューヨークの九〇㎞先には、人口七〇〇〇弱の田舎町、士官学校で名高いウェストポイントがある。そこの気温もほぼ横ばいで、昇温があるとしても、ボストン（図3・3）なみの「一〇〇年で〇・五℃」程度しかない。

ちなみに気象庁は最近、東京の気温観測点を、大手町の庁舎構内から、わずか一㎞離れた北の丸公園に移すと決めた。二〇一一年八月から新旧の二ヵ所で測り、二〇一四年から北の丸に一本化するのだという。高層ビル群に囲まれ、そばを無数の車が走る大手町では、もう「まともな測定」ができないとみたのだ。

テレビ報道のナレーションによれば、気象庁の担当官は「移転したら二～三℃くらい下がるでしょう」といったらしい。「一〇〇年で〇・七四℃」が話題のご時世に「移転だけで二～三℃」とは能天気なお言葉だけれど、それよりは、「いったい東京の気温とは何なのですか？」と気象庁にお伺いしたくなる。

気温の値は、温度計を置く場所で大きく変わる。地上気温を測るには、まわりに障害物のない広々とした芝生の上…が指針の第一だという（気象庁構内にはありえない環境）。

米国気象庁も一定の指針をもつ。カリフォルニアに住む元気象予報士ワッツがボランティアを募り、全米一二二一ヵ所にある標準観測点のうち一〇〇七ヵ所まで調べたところ、指針を完全に満たす観測点はわずか一二ヵ所（一・二％）だった。それもあってか二〇一一年の九月末には会計検査院が、観測業務を改善するよう気象庁に勧告している。

温度計の環境が変われば、むろん「気温トレンド」も変わる。米国の西海岸地域（カリフォルニア州とネバダ州）について、カリフォルニア州水源局のグッドリッジが調べた結果を図3・7にあげた。

気温が上昇ぎみの観測点（○）は多いけれど（大きな○ほど昇温が激しい）、下降ぎみの観測点（●）も少なくない。とりわけ目を引くのは、○と●がごく近い地域もずいぶんあるところだ。西海岸一帯がまんべんなく暖まっているのではなく、温度計それぞれのミクロ環境（ローカル気象）がちがうため、こんな結果になったのだろう。

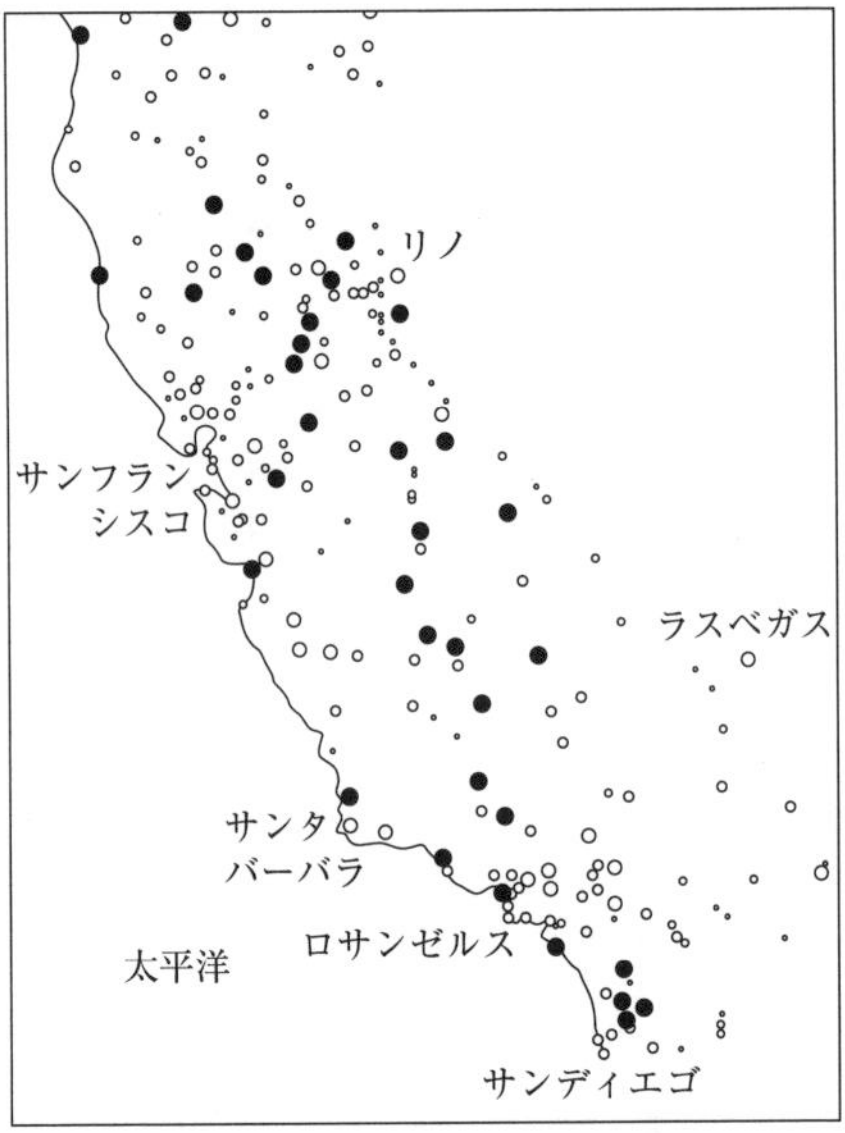

○：上昇中，●：一定または下降中

図 3.7　米国西海岸の観測点が示す気温トレンド

〔J. D. Goodridge, *Bull. Am. Meteor. Soc.*, **77**, 1588 (1996)〕

以上のように各地の気温は、「地球温暖化」のイメージとは程遠い。

「地球温暖化グラフ」の素顔

恐怖の竜（図3・1）に話を戻す。先ほども書いたとおり、世界各地（数千ヵ所）の地上気温データをもとにするグラフだった。都市化は世界現象だから、一九七〇年代より前の観測値はほぼ信用してよい。だが八〇年代以降は都市化の影響で、どんどん信用度が落ちている。

ＩＰＣＣの図３・１には、東京やニューヨークの気温も使われた。むろん、そのまま使えば激しい昇温傾向になってしまうため、「周辺にある田舎の観測点を参考に補正した」のだという。その了見が私にはまったく理解できない。

長年よく管理され、市街地から十分に遠くて都市化の影響を受けない観測点を世界中から数十ヵ所ほど選び、その気温データから「世界トレンド」を出せばよいではないか？　それをせず、当事者しか知らない「補正」の産物が図3・1だといえる。

要因はもうひとつある。図3・1の元データ数（観測点数）は、一九九〇年前後に大きく減らされた。七〇年ごろは世界の六〇〇〇ヵ所を使っていたところ、いま使うのはおよそ一五〇〇ヵ所しかない（かつて使われていた日本の「一七ヵ所」のうち、九ヵ所はもう使われていない）。減らされた数でみると、管理しにくい田舎の観測点が圧倒的に多いため、それが見かけの昇温につながった可能性が大きい。

そんなグラフをIPCC関係者は世界に突きつけ、「悪いことがいくつも起きる」「対策をたてよう」と叫んだ。温暖化問題の根はそこにある。

気温の衛星観測

一九七九年一月から、アラバマ大学ハンツビル校と、私企業のリモートセンシング・システムズ社（RSS）が、NASA（航空宇宙局）と共同で大気の温度を衛星観測してきた。

数百kmの高度を飛ぶNASAの衛星は日に何度も地球をめぐり、さまざまな高さ（地表付近、四〜五km＝対流圏中層、七〜八km＝対流圏上層、一〇〜一二km＝成層圏下層など一一段階）の大気層

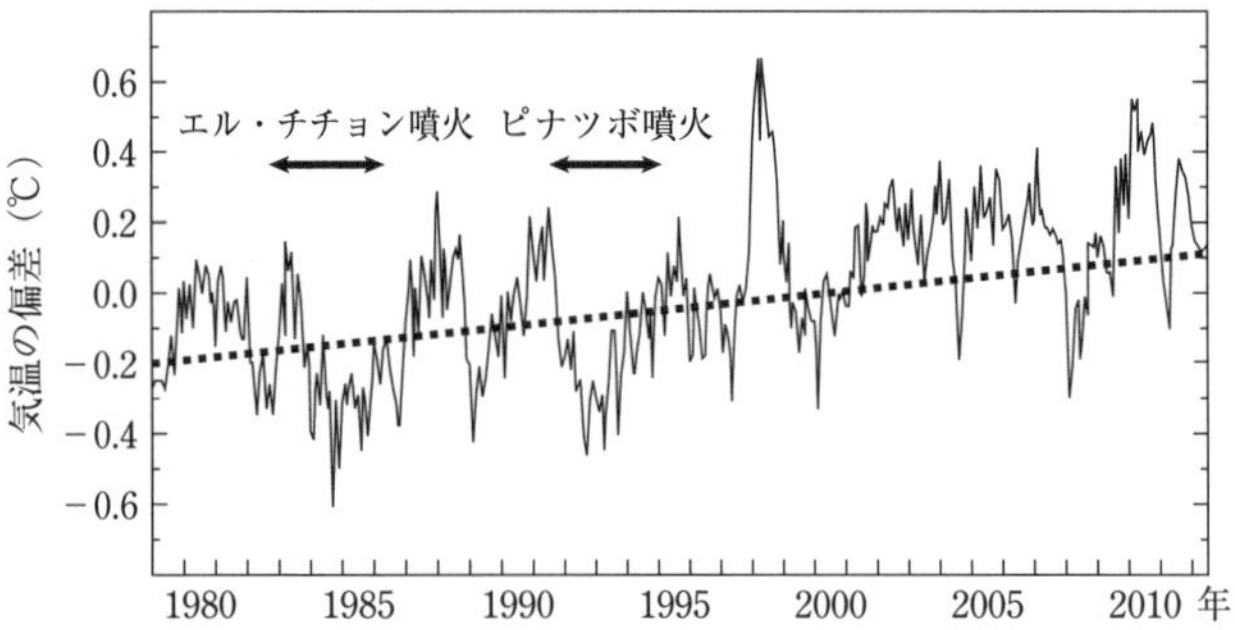

図 3.8　衛星で測った全球の気温トレンド：1979 年〜2011 年 12 月

縦軸の「偏差」は，1981〜2010 年の平均値を 0 とみた変動を表す。右上がりの破線は著者が追加。2012 年 1 月の速報値は −0.1 ℃。
［アラバマ大学／NASA が公開している対流圏底層＝地表付近のデータ］

に、計測器の焦点を当てる。大気層それぞれが含む酸素分子O_2の出すマイクロ波を測り、その値から温度をはじき出す。

気温の測定誤差は小さく、〇・〇一℃台だという（地上計測用の温度計なら、誤差は一～二℃あってもあたりまえ）。また、気温データは電子化してあるため、「全球」、「南半球だけ」「米国の四八州だけ」「南極圏だけ」…と切り分けた表示も自在にできる（米国と南極圏のデータを4章で紹介）。

例として、図3・8に載せた対流圏底層（地表付近）の結果をじっくり眺めよう。三三年間のトレンドを直線とみて引いた破線は、「一〇〇年で〇・八～〇・九℃」の勾配をもつけれど、現実のデータは単純な直線ではない。

まず、昇温と降温のピークがいくつも見える。たいていの昇温は、太平洋の表層水を温めるエルニーニョの時期にあたり、降温のほうは、逆向きの現象＝ラニーニャの時期にあたる（詳しくは6章を参照）。

一九九七〜九八年の巨大なピークは、二〇世紀最強の「スーパー・エルニーニョ」が生んだ。二〇一〇年にも、強いエルニーニョが気温をいっとき上げている。

一九八二年からの数年間と、一九九一年からの数年間は、それぞれメキシコのエル・チチョン山、フィリピンのピナツボ山が大噴火して、成層圏に舞い上がった灰が太陽をさえぎり、〇・三℃ほど地球全体を冷やした。

どちらも強いエルニーニョが起きた時期だから、かりに噴火がなかったとすれば、気温の偏差はプラスに振れていただろう。なお、噴火もエルニーニョ・ラニーニャも起きなければ先ほどの勾配は「一〇〇年で〇・四〜〇・五℃」に減るという推定が、二〇一一年に発表されている。

だが同じ期間、地上の温度計データからつくったＩＰＣＣのグラフ（図3・1）は、その三〜四倍にあたる「一〇〇年で一・五〜一・六℃」もの昇温を示す。

いまのところ私は衛星データのほうを信用したい気分でいる。ただし、見てわかるとおり気温の測定値は大きくフラつくため、一〇〇年で「〇・八〜〇・九℃」にせよ「〇・四〜〇・五℃」にせよ、とても断定できる数字ではない。

うるわしき温暖

古墳寒冷期（6章一一四ページ）が迫る三世紀末の『魏志倭人伝』に、倭地温暖（倭の地は温暖なり）という一文が見える。中国では数千年来、日本でも漢字を輸入して以来、人々は「温暖」という言葉をプラスのイメージで使ってきた。けれど一九八〇年代のいつか誰かが、温暖は「悪いこと」だといい始めた。それを私はいまだに納得していない。

東京とボストンの話に戻る。東京はボストンよりも年平均気温が六℃ほど高い。ボストンの人口（中心部六〇万。周辺も合わせて三八〇万）は東京よりだいぶ少ないとはいえ、東京もボストンも発展を続ける大都市だ。つまり、今後ボストンの平均気温が六℃上がろうと（その可能性は少ないけれど）、暮らしへの悪影響はありえない。

ボストンなど寒冷地の市民は、むしろ温暖化を待ち望んでいるだろう。

日本の国内はどうか。のどかな暮らしと豊かな自然、そして何よりも温暖な気候を求め、二一世紀に入ってから年に数千人が沖縄へ移住している（沖縄総合事務所調べ。二〇〇六年）。ちなみに那覇の年平均気温は東京より七℃高く、札幌より一四℃以上も高い。

関東だけ眺めても、東京（大手町）の年平均気温は八王子より二℃、水戸より二・五℃高い。だが、「暑くなるから」と東京への引っ越しをいやがる八王子や水戸の市民はいないだろう。

暖かくなれば作物の生産量も増す。コメの場合、光合成の仕組みで決まる太陽光エネルギー変換効率(2章)から計算すると、肥料などの生育条件がベストなら、一ヘクタール(一〇〇m×一〇〇m)あたりの収量は六トン台で頭打ちになる。だいぶ前そのレベルに達した日本では、もはや収量の増加は見こめない。

統計を当たってみると、同じ一ヘクタールあたりエジプトは九・五トン、オーストラリアは八トン強、台湾は六トン強だという。ただし、各国政府の発表数字が正しいとしても、すぐれた農業技術が収量を増やしたわけではなく、暖かいから二期作や三期作ができるのだ。また、栽培条件が同じなら、収量は暖かい地域ほど多い。

命や健康にも、寒いより暖かいほうがいい。日本を含む一一ヵ国につき、国民の死亡率を年平均値と比べた場合、寒期は一〇~二〇%ほど増え、暖期は五~一五%ほど減る——という数字を二〇〇九年、ファラガスらがカナダの医学雑誌に発表している。

温暖化が事実なら「いいことずくめ」のはずなのに、温暖化のプラス面を語る人が少ないのはなぜなのか?

4章　CO_2の「温暖化力」

日光浴すると肌が黒ずむ。肌の中で進む化学変化のことはさておき、まず、どういう波長の光が日焼けに効くのか知りたいとしよう。

波長の長いほうから太陽光を三つに分ければ、エネルギーの量でほぼ半分が赤外線、四五%が目に見える可視光、三～五%が紫外線となる。ほどほどに厚いガラスの下なら日焼けしない。しかしガラスは赤外線も紫外線もカットするため、まだ結論は出せない。

次に赤外線だけ当てる。日焼けは起きないので、めでたく紫外線が主犯だとわかる。紫外線の強さと日焼けの度合いを調べるのもむずかしくない。

さて温室効果と温暖化を復習しよう。地球の熱はほとんどが太陽から来る。太陽光のほぼ半分は反射され、残りが地球表面の何かに吸収されたあと、波長のずっと長い赤外線になって宇宙へ逃げる。その一部を大気中の水蒸気やCO_2が吸い、熱の一部を地表に向けて戻すから、大気がないときより三三℃ほど暖かいのだった（1章　温室効果）。

CO_2が大気に増えれば、赤外線の吸収と「地表への戻し」が増え、気温は上がっていくだろう（温暖化）。そこに疑問の余地はない。知りたいのは次の二つだ。

① CO_2は地球の気温を今後どれほど上げるのか？
② その気温上昇は、人類や生態系にあぶないのか？

②のほうは、2～6章も参考にして、読者それぞれがご判断いただきたい（ちなみに私の感覚は「危険ゼロ」）。以下では①に注目する。
IPCCは二〇〇七年の報告書に「二一〇〇年時点の昇温は一・五～六・四℃」と書き、ひところメディアは「六・四℃」だけを報じた。だが現実は、その一〇分の一程度かもしれない。

コントロールのない科学

日焼けの波長を突き止めるには、思いつく要因（赤外線・可視光・紫外線）のうち、一部だけなくした実験ができる。そんな実験を対照（コントロール）実験という。

化学や物理は対照実験がしやすい。製薬会社が新薬の効き目を確かめるときも、なにしろ相手は生き物なので「切れ」の悪いことはあるにせよ、対照実験が決め手になる。

人為的CO_2温暖化説の場合、同じ地球が何個もあって、条件を自由にいじれるなら、いろいろな対照実験ができ、「過去一〇〇年に〇・七四℃」（図3・1）のうち何℃分が人為的CO_2のせいかも、CO_2排出がこのまま続けば五〇年後に何℃上がるかも、確実につかめるだろう。しかし、あいにく地球は一個だから、対照実験はやりようがない。いきおい、大気・海・陸地・生物圏で進む（と思える）多様な現象をモデル化し、適切な（と思える）データを数式に入れ、仮想現実世界の計算（シミュレーション）をするしかない。

モデル計算は実測ではないため、たとえば①に答える直接の物証は（将来もずっと）何ひとつない。それが気候科学の宿命だといえる。

外れた予測①

探査機「はやぶさ」は二〇一〇年の六月一三日、およそ七年・六〇億㎞もの旅から帰還した。正確にいうと、小惑星イトカワで採取した試料入りのカプセルを南オーストラリアの砂漠に送り届け、自身は大気圏突入のとき燃え尽きた。トラブルに遭いながらの旅を正しく予測・制御できたのは、動きを支配する数式が明快なうえ、位置や速度、質量などを代入する計算に一点の曇りもないからだ。

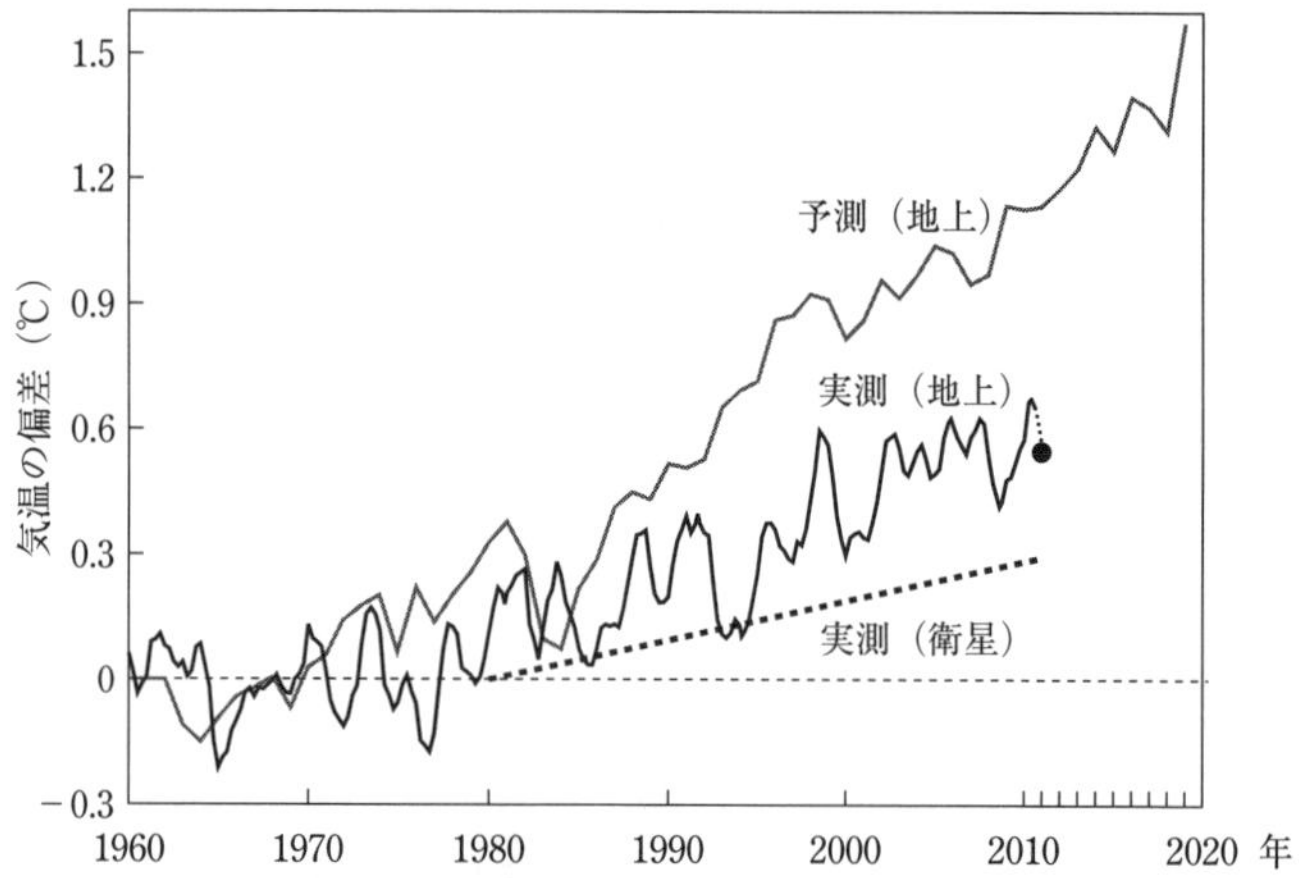

図 4.1　1988 年時点の予測とGISS の実測気温の推移

どちらも 1951〜80 年の平均値を 0 とみた偏差を表す。
薄い実線：J. Hansen *et al.*, *J. Geophys. Res.*, **93**, 9341 (1988).
濃い実線：http://data.giss.nasa.gov/gistemp/graphs/（2011 年の●は予想値）
太い破線：図 3.8 の衛星観測データに目分量で引いた破線と同じ。

残念ながら気候科学は、そんな段階には達していないし、五〇年後に達するとも思えない。なにしろ気象（天気）も気候（長期天気の特徴）も、さまざまな現象が空間・時間の中で複雑にからみ合って現れる。

気候のモデル計算は一九六〇年代から行われてきた。けれど本書にとっては、米国ＮＡＳＡ・ゴダード宇宙研究所（ＧＩＳＳ）のハンセンが一九八八年に発表した予測（図４・１）を原点とするのがわかりやすい。

なお、一九八一年から三〇年以上もＧＩＳＳの所長を務めるハンセンは、八八年六月に連邦議会の上院エネルギー委員会で「CO_2が温暖化を起こすのは九九％確実」と証言し、温暖化の話を盛り上げたことで名高い（二〇一〇年には旭硝子財団が、二二年前の「業績」を称えて副賞五〇〇〇万円のブループラネット賞を贈呈。ハンセンについては1章一一ページも参照）。

図4・1には、ハンセンの予測と、現実の気温トレンドを描いてある。まずはこの図をよく観賞しよう。

急上昇する薄い線は、「世界がCO_2排出を減らさないとき」の予測を表す。現実はまさにそうだったから（1章）、予測が正しければ二〇一二年のいま、昇温は一℃を超しているはず。しかし実測の結果（濃い実線）は、予想より〇・六℃も低い。

濃い実線はGISSが発表したデータで、それを主体にIPCCは、第四次報告書の目玉グラフ（図3・1）をつくった。根元は地上気温だから都市化の昇温をかなり含むのに（3章）、予測の線はそのはるか上を行く。

もう一つ問題がある。一九八八年の予測なので、二一世紀以降に始まる中国などのCO_2排出激増は想定していない。もし想定できていたら、昇温予測はもっと大きく、実測との差はさらに開いただろう。

都市化の影響が大きくない衛星観測データ（破線。一九七九年以降）と比べれば、二〇一一年時点の「予測―実測」差は〇・八℃を超す。

つまり、一九八八年のハンセン予測は完璧に外れた。何がポイントかを考える前に、別の「外れ」も見ておこう。

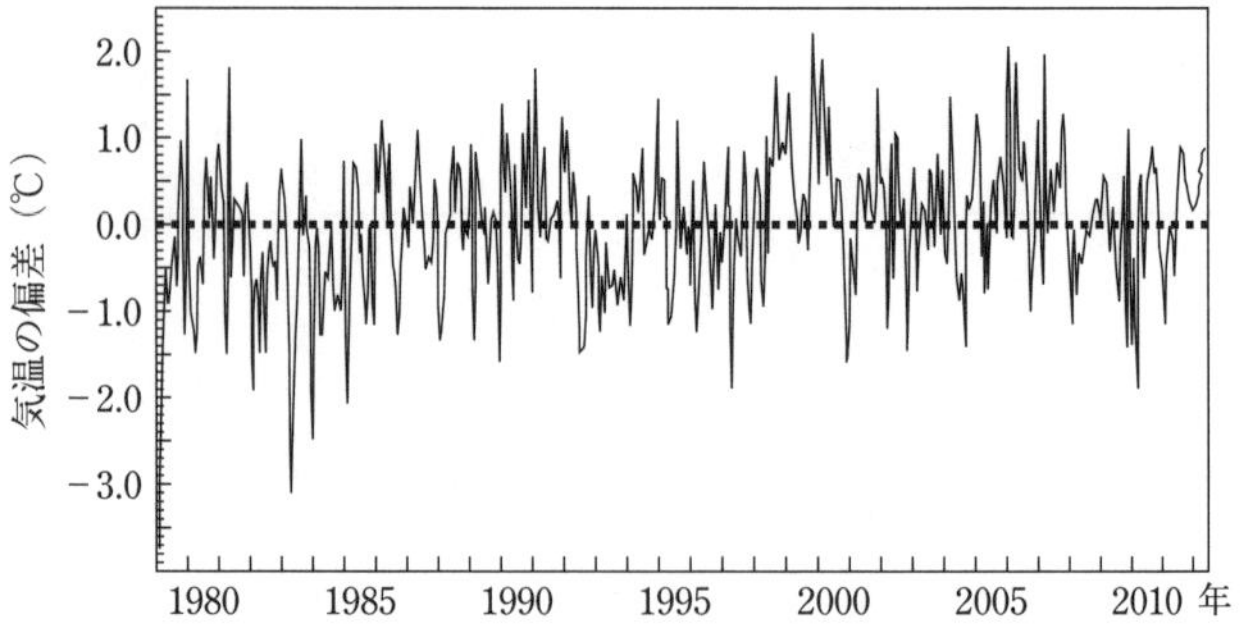

図 4.2　衛星で測った米国 48 州の気温トレンド：1979 年〜2011 年 12 月

縦軸の「偏差」は 1981〜2010 年の平均値を 0 とみた変動を表す。水平な破線は著者が追加。

［アラバマ大学／NASA が公開している対流圏底層＝地表付近のデータ］

外れた予測②

どれだけの割合が人間活動のせいかは不明ながら、CO_2濃度の増加が止まる気配はまったくない（図1・5）。しかし衛星観測データを信じるかぎり、気温が横ばいの場所も、じわじわ下がっている場所もある。

たとえば米国の地続き四八州は、図4・2の気温トレンドを示す。年々一・五℃くらいの変動を示しながらも、私の目には三二年間ずっと横ばいに見える。こういう事実を予測できたモデル計算は見たことがない。

なお米国の場合、「気温は一貫して上昇中」という常識（?）は通用しない。ハワイとアラスカも含む五〇州のすべてを見ると、かつて最高気温を記録した年は図4・3のような分布になる。なんと五〇

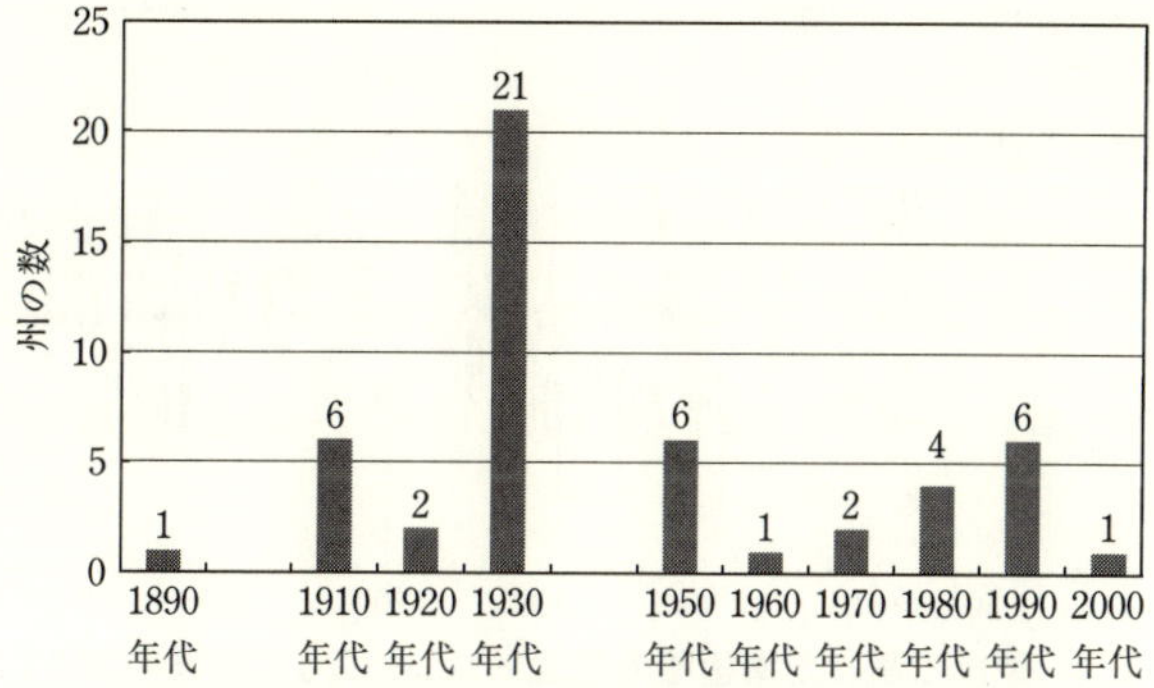

図 4.3　米国 50 州で最高気温を記録した年の分布

［"The World Almanac and Book of Facts 2011", p. 311, World Almanac Education (2010)］

州のうち三〇州まで、実質的なCO$_2$排出増が始まっていない一九三〇年代以前に、最高気温を記録したままなのだ。

他国より気温観測網のすぐれた米国にも、3章で眺めたような不備はある。ただし、温度計のそばに駐車場をつくったりエアコン室外機を置いたりしない時期、気温データの信用度はいまより高かっただろう。

南極圏も眺めよう（図4・4）。年ごとの変動は激しいものの、大づかみにはやや冷えぎみのまま推移している。二〇一二年一月下旬には観測船「しらせ」が海氷に進路を阻まれ、昭和基地への接岸を断念した。

また、3章で眺めたボストン（図3・3）も宮崎（図3・6）も、世界のCO$_2$排出が急増した一九四〇～七〇年代（図1・2）に、歩調を合わせて暖まった形跡はない。

CO$_2$が気温をいくらかでも上げないはずはないため、まだ誰も気づかない要因が働いて、そんな結果にな

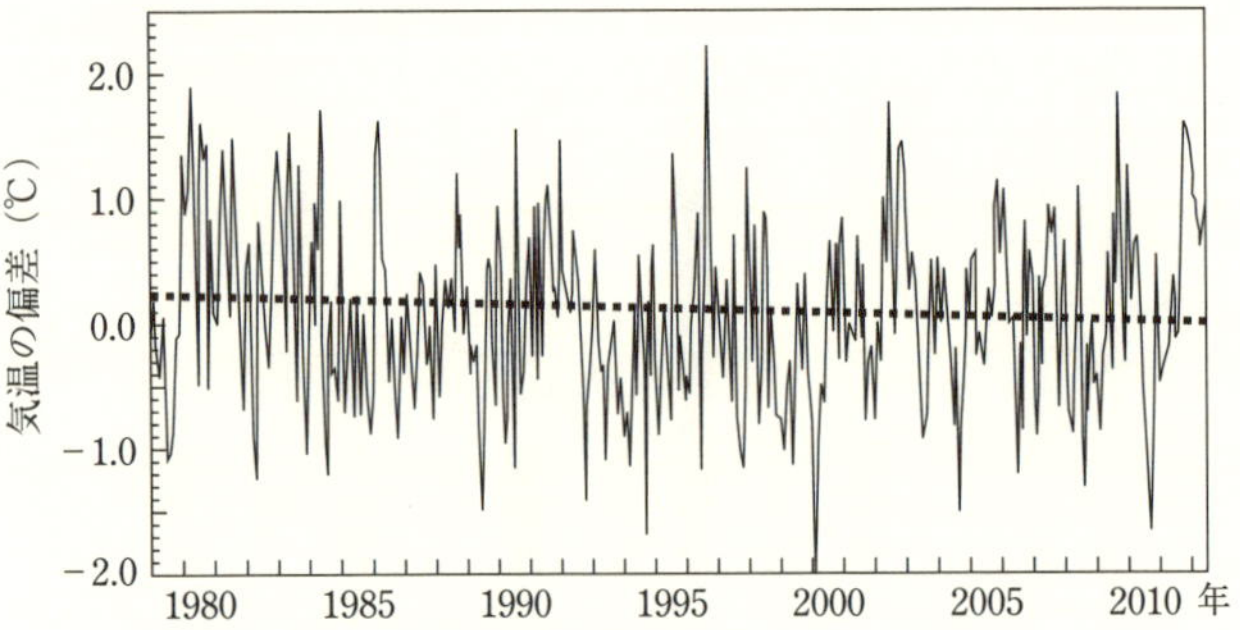

図 4.4　衛星で測った南極圏の気温トレンド：1979 年〜2011 年 12 月

縦軸の「偏差」は 1981〜2010 年の平均値を 0 とみた変動を表す。やや右下がりの破線は著者が追加。2012 年 1 月の速報値は − 0.75 ℃。
［アラバマ大学／NASA が公開している対流圏底層＝地表付近のデータ］

ったのだろう。

いずれにしろ、一九八〇年代にハンセンがいい始め、IPCCが二〇〇七年の報告書に明記して世に広まった「大気に増えるCO２が地球をどんどん暖めている」というイメージは、観測事実と合いそうにない。

複雑怪奇

気象庁は某月某日の天気予報を、ほぼ一週間前から出す。予報のありさまは日を追って微妙に変わり、ときには当日になって晴雨や寒暑がひっくり返る。

天気（気象）を決める要因には、土地の起伏、大気の湿度、大気や海水の動き、水の蒸発と雲の発生など、じつにさまざまなものがある。要因あれこれが局地的・広域的・時間的にからみ合い、気象のありさまが決まる。まさに複雑怪奇の世界だといえよう。

天気予報も、将来の気候予測（いわば超長期の天気予報）も、ほぼ共通のモデル計算で行う。気候予測のときは、たいへん長い期間にわたる次のような変動も考えなければいけない（一部は6章で説明する）。

- 太陽強度の変動（一一年周期、数十年周期、数百年周期…が知られる）
- 海流の変動（約一〇年周期、数十年周期…が知られる）
- 小氷期（一三五〇～一八五〇年）からの回復
- CO_2など温室効果ガスの濃度変動

はやぶさの帰還とはちがい、さまざまな現象を表す数式にも、代入すべき数値データにも不確実さが多いため、きれいに予測できる段階ではない。

ただし本章にとって、キーポイントはただ一つ。これから大気にCO_2が増えていくとき、地球の気温がどれほど上がるかだ。見積もりの幅が広いからこそ、論争も終わらない。その点を次に眺めよう。

気候感度——雲をつかむ話

大気のCO_2濃度は一九五八年が三一五ppmで、いまも約四〇〇ppmしかないけれど（図1・5）、赤外線を吸う力は飽和に近づいている。そんな状況だと、濃度が二倍になったとき、つまり三一五→六三〇ppm（ハンセンが図4・1の予測に使った仮定）でも、四〇〇→八〇〇ppmでも、気温はほぼ同じだけ上がるとわかっている。

まず基礎となる問いに答えておこう。大気のCO_2濃度が二倍になれば、赤外線を吸う力も、熱を地表に送り返して大気を暖める力も強くなる。では、「それ以外のことが何ひとつ起きない」なら、気温は何℃上がるのか？

そこに見解の相違はあまりなく、約一℃（〇・八～一・二℃）だという。しかし一℃の先が、決定的に変わってしまう。

地球の表面が暖まれば、水（おもに海水）が蒸発しやすくなって大気の湿度が上がり、上空に雲が増える。その雲について、逆を向く二つの見かた（①と②）があるのだ。

① 雲をつくり上げる水（H_2O）は温室効果がたいへん強いため（図1・8）、CO_2の倍増で上がる「一℃」を、雲は二～三℃やそれ以上に増やす。

②　昼間の雲は太陽光を反射して宇宙に返す（日が陰ると涼しい）。夜間の雲は保温に効くが、トータルでは昼間の反射が強く効き、雲は「一℃」を〇・八℃や〇・五℃に減らす。

CO_2単独の効果と、ほかの要因（雲など）を考え合わせたとき、CO_2濃度の倍増で気温が何℃上がるかを「気候感度」という。モデル計算で予測する（しかない）将来の気温は、気候感度の値をどうみるかでガラリと変わる。つまり、雲の仕事をつかむ（理解する）のが、気温予測の決め手だといえよう。

- 外れた一九八八年のハンセン予測（図4・1）は、気候感度を四・二℃とみるモデル計算の結果だった。
- 以後のおびただしい研究をまとめ、IPCCは二〇〇七年の報告書に「気候感度は一・五〜四・五℃。一・五℃未満は考えにくい。いちばん確からしいのは約三℃」と述べた。気候感度の想定幅は、本章の初めに書いた二一〇〇年の昇温予測幅「一・五〜六・四℃」にも影響している。

ハンセンもIPCCも先ほどの①を仮定し、気候感度を「一℃」よりずっと大きいとみた。水蒸気や雲がCO_2単独の効果を増幅すれば、どうしてもそうなる。増幅のことを「正のフィードバック」という。

またハンセンもＩＰＣＣも、「過去の気温データを正しいとみる」モデル計算で気候感度を見積もった。過去の気温は地上計測の結果が主体だから、都市化の影響をだいぶ受け（３章）、それが気候感度の見積もりを上げたとおぼしい。

けれども正のフィードバックは、素直に受けとれる話ではない。もしフィードバックが正なら、CO_2の増加→温暖化→水蒸気の増加→さらに温暖化→海からのCO_2放出→ますます温暖化…と地球は「熱暴走」をするだろう。だが、いまより高温だった時代に、熱暴走が起きた証拠は何ひとつ見つかっていない（６章）。

二一〇〇年の昇温は〇・四℃？

二〇一一年七月〜九月、雲のフィードバックを負とみる論文が、立て続けに三つ出た。おもに、地球から宇宙に逃げる熱の衛星観測データと、地球表面の温度データを突き合わせた研究だ（詳しい内容は略）。フィードバックが負なら、むろん気候感度は一℃より小さい。

論文の一つで、ＭＩＴのリンゼンと韓国・梨花女子大の崔《チェ》は、気候感度を約〇・七℃（〇・五〜一・三℃）と見積もった。ハンセンの四・二℃やＩＰＣＣの三℃よりずっと小さい。

気候感度が一℃以下なら、人為的CO_2の怖さは消えて（後述）、二一〇〇年を超すＩＰＣＣの活動も警告もたちまち根拠をなくす。むろん、「正のフィードバック」論文を書いてきた多くの研究者も面目を失う。

別の論文、「正のフィードバックは考えにくい」と主張するアラバマ大学のスペンサーとブラズウェルの論文が「リモートセンシング」誌に出た直後、「正」派の有力研究者が、信じがたいほど短い審査期間を経て同誌に強烈なトーンの反論を載せた。

また同誌の編集長が、なぜか論文掲載のあと辞任している。審査の手続きに不正も落ち度もなかったため、彼の行動はネット世界で大きな話題になった。

残る一つの紹介は省くが、ともかく三つの論文は、今後の評価はまだ読めないものの、二〇一〇年以上の定説にまちがいなく一石を投じた。気候科学は、とりわけCO_2脅威論は二〇一一年以降、激しく変わっていくような気がする。

雲のフィードバックが負で、リンゼンと崔のいうとおり気候感度がたとえば〇・七℃なら、話はどうなるのか？

気候感度は、CO_2が倍増したときの昇温幅だった。いまの四〇〇ppmから八〇〇ppmに増えた時点をいう。濃度の年増加率（約二ppm。図2・2）が今後も同じだとみれば、二〇〇年後の状況にあたる。

二〇〇年後は遠い未来の話だから、九〇年後の二一〇〇年を考えよう。そのときCO_2の濃度は五八〇ppmになり、ちょっとした計算で、昇温幅は〇・三八℃（約〇・四℃）だとわかる。それ

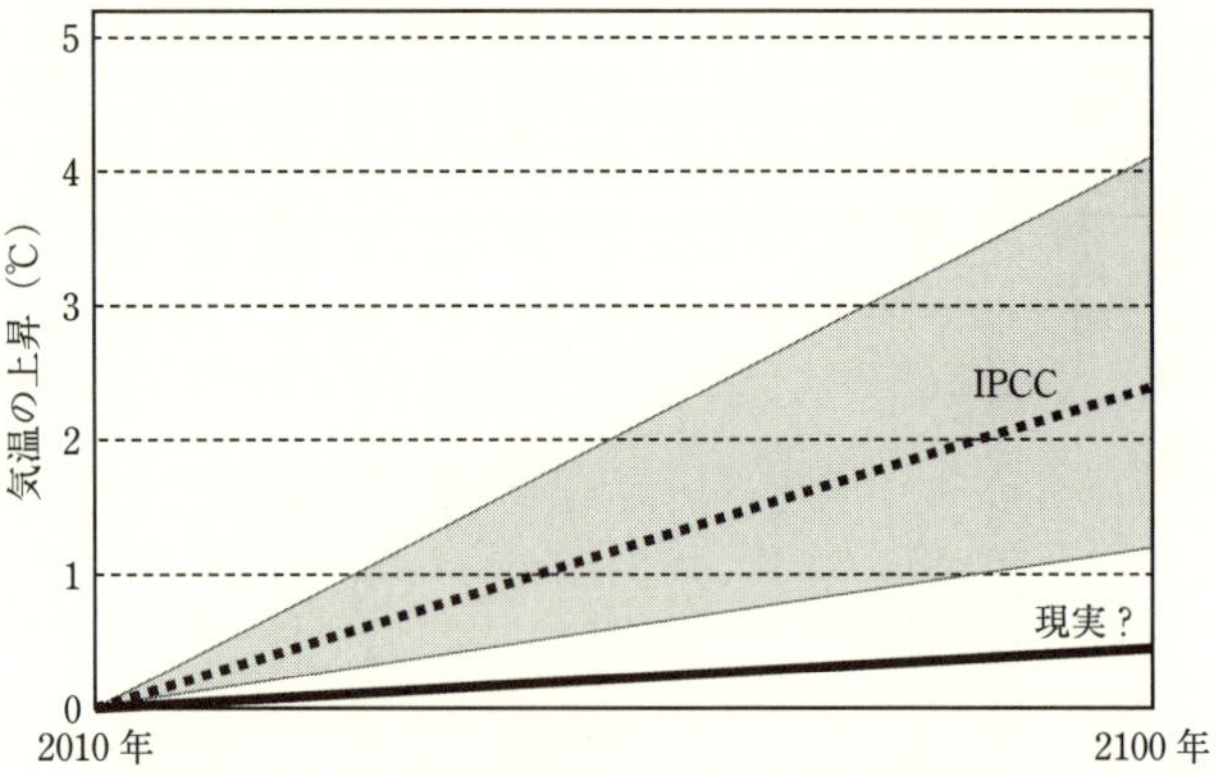

図 4.5　今後 90 年間に CO_2 が上げる気温の予測

気候感度：IPCC 予測は 1.5 〜 4.5 ℃，「現実？」は 0.7 ℃を想定。

なら、少なくとも暮らしへの影響はゼロに等しい（図3・2などを参照）。

IPCCの予測と、「気候感度〇・七℃」の予測を並べ、図4・5に描いてある。IPCCは、今後の世界で進むさまざまな「シナリオ」ごとに気温を予測し、図4・5の破線は「バランスのとれたエネルギー消費で世界が成長していく」ケースだという。だいぶ非現実に思えるが、それはともかく、二本の線が見せる「恐怖度」の差は明白だろう。

国連気候変動枠組み条約の締約国会議（COP）では、「二℃の温暖化を食い止めよう」が（かけ声だけの）スローガンになっている。フィードバックが負と確定したら、スローガンも意味を失い、CO_2脅威論も崩壊しよう。

いまのところ気温の将来予測は、それほどにあやうい。

止まった温暖化

同じ二〇一一年の七月には、ボストン大学のカウフマン率いる国際チームが米国科学アカデミー紀要に論文を出し、おおむね以下を主張した。

① 一九九八〜二〇〇八年の一一年間、世界の平均気温は上昇を止めている。
② おもな原因は、太陽活動の低下と太平洋のラニーニャ持続（どちらも自然要因）、中国などが石炭を燃やして出す硫黄酸化物（人為要因）の総合だろう。
③ ただし、IPCC報告書どおりの人為的CO$_2$温暖化は、いままでどおり進行中。

②の硫黄酸化物は、大気中で酸化されたあと、微粒子（硫酸塩ミスト）になって太陽光をさえぎる。一九四〇〜七〇年代の気温低下（図3・1）も、硫酸塩ミストの「日傘効果」とみる人が多い（ただし自然変動説も有力。6章）。

①の根元は地上気温データ（図4・1の濃い実線と同類）なので、私なら「都市化の飽和」を真っ先に思い浮かべるのだけれど、都市化は著者たちの頭になかったらしい。

②と③の当否はともかく、「温暖化停止」の明言も、自然要因（太陽活動や海流）が気温を大き

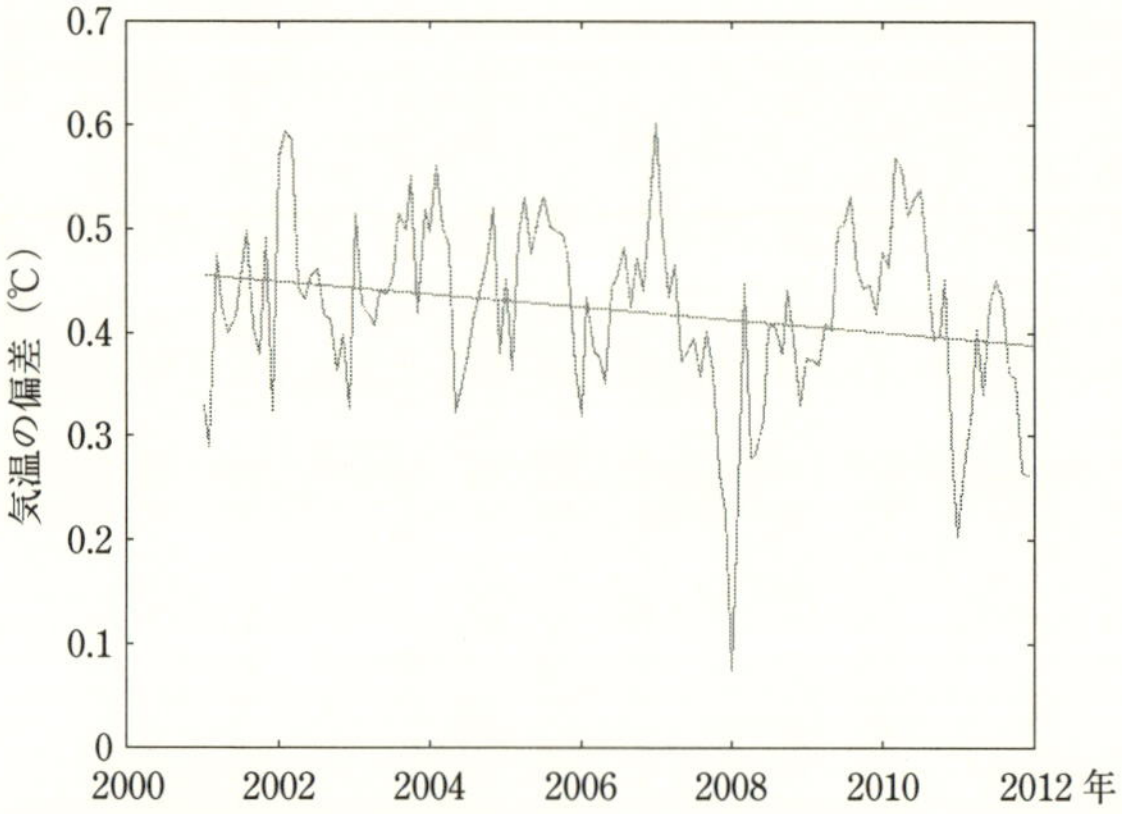

図 4.6　世界の地上平均気温トレンド：2001 年 1 月～2012 年 1 月

縦軸は 1961～90 年の平均値を 0 とみた偏差。
［イギリス気象庁とイーストアングリア大学 CRU が作成・公表したデータ］

く左右するという推定も、五年前なら学術誌の審査をたぶん通らなかった。カウフマン論文は、CO_2脅威論の再考を促すきっかけになるだろう。

同論文が扱った期間を現在に向け三年ずらした一一年間（二〇〇一～一二年一月）も気温は横ばいのままで、かすかな低下傾向さえ見える（図4・6）。むろん一〇年程度の傾向を長期変動とはいえないが、二〇一一年一二月現在、「横ばい」を気にかける研究者は多い。なお、図のデータを発表したイギリスのCRUは、6～7章に出てくる。

当たらない将来予測

数十年先の予測はまず当たらない。図4・5も当たらないだろう（太陽の強さや海流の変動を考え、今後二〇～三〇年の寒冷化を予想する人もいる。6章)。

気候科学の話から離れ、予測のむずかしさを考えてみたい。たとえばカリフォルニア大学交通研究センターの機関誌「アクセス」二〇〇七年の春号に、モリスという人が次のような話を寄稿している。

一八九四年に「タイムズ」紙は、「一九五〇年にはロンドン市街を厚み三mの馬糞が埋め尽くす」と書いた。同じころニューヨークの予言者も、「一九三〇年のマンハッタンは、ビルの三階まで馬糞が埋める」と予想している。フォード社創業（一九〇三年）のわずか一〇年前だというのに、自動車時代の到来が見通せなかったのだ。

わが身を振り返ってもよくわかる。つい四〇年前、一九七〇年前後の研究ツールは、計算尺とジアゾコピーと手動タイプライターだけ。三十数年前の研究室にやっと入った電卓は、図体が大きくて加減乗除しかできないくせに四〇万円もした（いまなら数百円）。パソコンや高機能ケータイ、インターネット、液晶テレビの日々など、誰ひとり想像できていない。

環境の分野では、称える人の多いローマクラブ『成長の限界』（一九七二年）が、「二〇〇〇年の世界人口は七〇億」だの「銅の資源は一九九三年に枯渇」だのと、二〇～三〇年先の予測を外しまくっている。

これも名高いエーリック著『人口爆弾』（一九六八年）も、「このまま行けば一九七〇～八〇年代には数億人が餓死する」と、核心の予測をみごとに外した。技術革新を想像できず、現在の延長線上に未来を見るからそうなる。
技術革新をゼロとみて最悪の予測を発表するのは、不健全きわまりない態度だろう。石器時代が終わったのは、石が底を突いたからではない。

気候科学の勇み足

地球の気候は、大気・海・陸地・生物がどうからみ合って決まるのか？　また、地域や全球の気候は今後どうなっていくのだろう？　どちらも胸躍る科学の話だから、答えは誰だって知りたい。

CO_2の善行（2章）や温暖化の好影響（3章）、恐怖話のあやしさ（次章）を考えれば、解明は三〇年や五〇年先になってもかまわない。

大気や海洋や生物圏を調べる研究者と、物理・化学・生物・数理・天文などの関連研究者が、純粋な好奇心で地球を調べ、知的な議論を楽しみ、成果を人類や生態系の未来に役立てるという状況のまま歩んでいたら、妙なことは何も起きなかった。

けれどIPCCに集う気候科学のエリートが、地球温暖化を国際政治の問題、しかも「まず結論ありき」の問題にしてしまい、既得権ともいうべき莫大な研究費・運営費を使いながら「結論の死守」に励む。

地球温暖化は、まだ可能性の域を出ないし、悪いことだとも決まっていない。

だが日本（まえがき参照）を初めとする諸国の政府は、寄らば大樹（国連）の陰なのだろう、IPCCの「権威」になびき、「温暖化対策」に巨費をつぎこんできた。温暖化の「研究」と「技術開発」に二〇〇九年だけで五五〇〇億円の税金を使い、過去二〇年間の合計が六兆円を超す米国でも、心ある人々が怒りの声をあげている。

IPCC寄りの研究者が既得権を守ろうとするせいで、自然科学の世界とは思えない争いや、データの改竄・秘匿、異論の封じこめと排除運動も起きる（7章）。

世界の将来を思う善意の研究者が多いことは、むろん重々承知している。そんな人たちには、気候科学を本来の純粋科学に戻す使命があるだろう。

1章から眺めてきた「CO_2排出と気温の関係」を振り返ろう。二〇世紀以降の一一二年間（一九〇〇〜二〇一一年）に、「CO_2排出が増え、気温が上がった」期間は五〜六分の一（一九七〇年代末〜九七年）しかない。ほとんどの期間、気温は自然に下がったり（一九〇〇〜一〇年）急上昇したり（一九一〇〜四〇年）、CO_2排出が激増したのに横ばいか下がりぎみだったのだ（一九四〇〜七〇年代、一九九八〜二〇一一年）。

その事実だけでも、人為的CO_2温暖化説は疑わしい。気候科学の研究者は、急がなくてよいから、気温の謎を解明してほしい。また、もう解明ずみだというのなら、庶民にわかりやすく説明したうえ、巨費を使う「研究」をおしまいにしてほしい。

5章　つくられた「地球の異変」

ＩＰＣＣの元幹部、スタンフォード大学の気候学者シュナイダー教授（一九四五〜二〇一〇年）が一九八九年、「ディスカバリー」誌の記者にこう語った。

国民をその気にさせるには、…メディアにどんどんいわせるんです。あやふやな部分は伏せて、国民がドキッとしそうな話だけをズバリとね。

発言中の「その気」とは、「地球を大切に思う」だったのか、それとも「大切な温暖化研究には税金をいくらでも使わせたい」だったのか？

古くは共産主義の宣伝映画づくりを進めたレーニン（一八七〇〜一九二四年）が、「芸術のうちでは映画が最高。同志はそれを心せよ」といっている。後日ナチスの宣伝相ゲッベルス（一八九七

〜一九四五年）が、レーニンの姿勢にいたく感動したという。

CO_2脅威論の話でも、人々の意識はおもにメディアが染め上げた。とりわけ、米国の元副大統領ゴアの著書と映画『不都合な真実』が大きい。著書は二〇〇六年の四月に出て、同年五月封切りの映画は翌〇七年二月、アカデミー賞（長編ドキュメンタリー映画部門）に輝いた（邦訳は映画公開に合わせて〇七年一月に出版）。その「業績」でゴアは二〇〇七年の秋、ノーベル平和賞をIPCCと同時受賞する。

二〇〇七年には、北極の海氷面積が観測開始以来（ただし二八年間）の最小になったこともあり（ただし以後は回復中）、あらゆるメディアで温暖化の話が盛り上がった。いまなお『聖書』とみる人の多いIPCC第四次報告書が出た年でもある。ギャラップ社の調べによれば、「温暖化は怖い」と思う日本国民は九〇％を超えたという。

京都議定書の発効（二〇〇五年二月）からわずか二年後、「削減努力の成果ゼロ」をCO_2の濃度推移（図1・5）がまざまざと語る前だったため、「さぁCO_2排出を減らすのだ」と叫ぶ人々が増殖した。そんな年だったと記憶する。

ウソがとらせたノーベル賞

イギリスにモンクトンという人がいる。子爵の称号をもち、一九八二年から四年間、サッチャー首相の特別顧問を務めた。政治家とは思えないほど数理に明るく、「数独X」などパズルいくつかの考案者としても名高い。

当初からCO_2脅威論を疑うモンクトン卿は、映画『不都合な真実』を精査して二〇〇七年の一〇月、三五のミスがあると指摘した。ミスは大小さまざまでも、九三分間の映画だから三五個は「ほぼ全部」といえる。ミスを並べる前に、ひとつ補足をしておこう。

イギリス政府は、環境教育の一環として全国の中高校に『不都合な真実』のDVDを配った。すかさず、二人の子をもつディモックという父親が「映画は誤りだらけの洗脳教材だ」と裁判所に訴える（その裁判では左記の①～⑨が争点）。

高等法院のバートン判事は原告の訴えを認め、教室で上映したい教師は、あらかじめ「誇張された内容の洗脳映画」だと生徒に警告するよう裁定した。判決のさい判事は、「映画は科学面に偏向がある。政治宣伝用としか思えない」と補足している。

以上を念頭に、モンクトン卿の三五項目を眺めよう（簡単のため「人為的CO_2温暖化」を「温暖化」とした）。

① 温暖化で南極とグリーンランドの氷が融け、海面が六m上がる。
② 温暖化で太平洋の島々が水没する。
③ 温暖化で海の熱塩循環が止まり、ヨーロッパが氷河期に突入する。

④ 数十万年前の間氷期にはCO_2が温暖化を進めた。
⑤ 温暖化でキリマンジャロの雪が融けている。
⑥ 温暖化で（アフリカ大陸中央部の）チャド湖が干上がった。
⑦ 温暖化で二〇〇五年のハリケーン・カトリーナが発生した。
⑧ 温暖化でシロクマが死んでいる。
⑨ 温暖化でサンゴが白化している。
⑩ CO_2濃度が一〇〇ｐｐm増えれば、厚み一マイルの氷河が融ける。
⑪ 温暖化で二〇〇四年の（ブラジル沖に）ハリケーン・カタリーナが発生した。
⑫ 日本では二〇〇四年に台風の上陸数が過去最高だった。
⑬ 温暖化でハリケーンが強大化している。
⑭ 温暖化の被害が保険会社の損失を増やしている。
⑮ 温暖化でムンバイ（インド）の洪水が増えている。
⑯ 温暖化で強い竜巻が増えている。
⑰ 温暖化で北極の海氷が融け、北極海の昇温が加速している。
⑱ 温暖化の進行は北極圏がいちばん速い。
⑲ 温暖化でグリーンランドの氷河が融けている。
⑳ 温暖化でヒマラヤの氷河が融け、生活用水が減っている。

㉑温暖化でペルーの氷河が減っている。
㉒温暖化で全世界の氷河が減っている。
㉓温暖化でサハラ砂漠の乾燥化が加速している。
㉔温暖化で南極西部の氷床が融けている。
㉕温暖化で南極半島の棚氷が融けている。
㉖温暖化で（南極の）ラーセンB棚氷が崩れ落ちた。
㉗温暖化で蚊がどんどん高地に追いやられている。
㉘温暖化で熱帯病が各地に広まっている。
㉙温暖化で西ナイルウイルスが米国に広まった。
㉚CO_2は大気汚染物質だ。
㉛温暖化で二〇〇三年の欧州を熱波が見舞い、三万五〇〇〇の命を奪った。
㉜温暖化で毛虫の羽化が遅れ、渡り鳥がヒナを育てにくくなっている。
㉝（氷河の体積が増えて崩れる氷を「温暖化の証拠」とするなど、素材に使った映像の類）
㉞温暖化でテムズ川防潮水門の閉鎖期間が長くなっている。
㉟「二〇五〇年の予想CO_2濃度六〇〇ppm」には、誰からも反論がない。

読者もよく見聞きした話だろう。ネットで情報を調べる人は、「ウィキペディア」の記述も似ていると思うはず。しかし、気候関連記事の多くを書いてきたコノリーとピーターセンが、IPCC寄りの偏向をとがめられ、二〇一〇年一〇月に担当を外されたのもご存じだろうか？

そこで、次の言葉をかみしめたい。

万人をいっときだますのも、一部の人を永久にだまし続けるのも不可能ではない。けれど万人を永久にだまし続けるのは不可能だ。――リンカーン（一八〇九～六五年）

いまもだまされている大人は多い。そのひとりが二〇一〇年度に東大教養学部の教員だった。同氏は「これぞ温暖化の真実」なのだと、教室でゴアの映画を上映した。直後のコマが私の講義だったため、両方に出る学生は頭の切り替えに苦労したという。

以下、ウソの一部を解剖しよう。気候史にふさわしい氷河の話題は6章に回す。

海面が上昇？

二〇〇七年五月二二日、NHKがBSニュースで「平野の冠水危機！」という話を放送した。IPCCのいう「二一〇〇年時点で五九㎝上昇」と満潮・高潮が重なれば、関東平野は三二〇平方㎞が水没します…とカラーの地図を映して解説が進む。ほかも合わせると全国では一〇〇〇万人に影

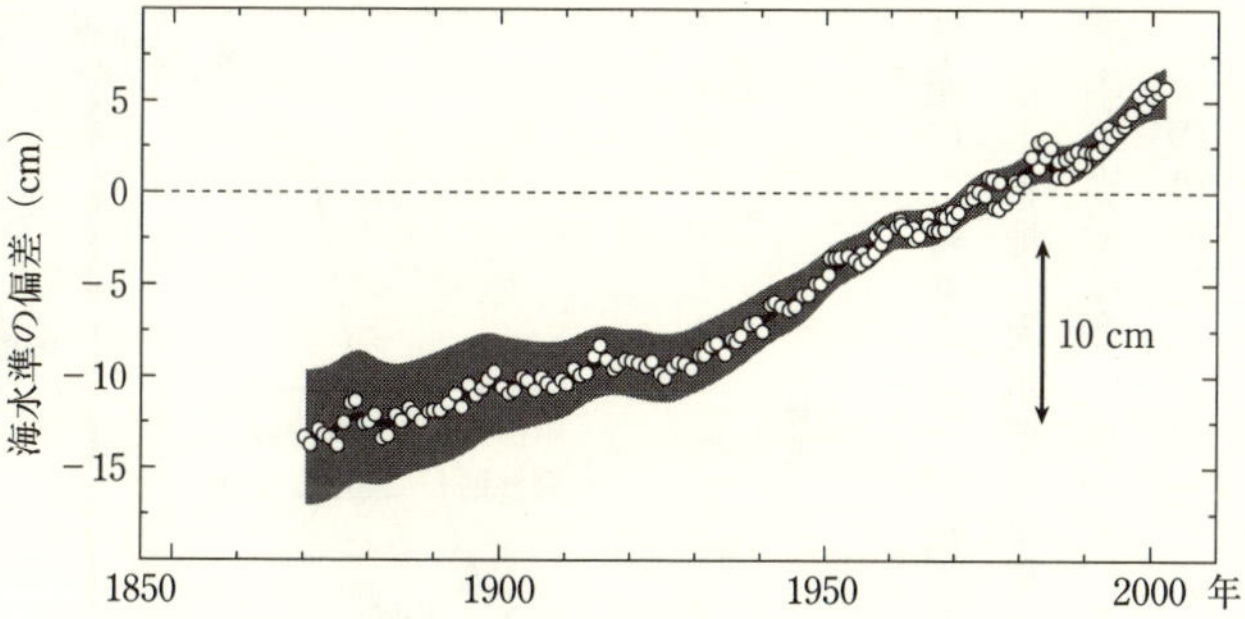

図 5.1　IPCC が報告した「世界の海水準トレンド」
縦軸の「偏差」は 1961〜90 年の平均値からずれた度合いを表す。
［2007 年の IPCC 第四次「統合報告書」の Fig. 1-1］

響が出る、という話だった。

その「研究成果」は、ＩＰＣＣ報告書・第二巻の統括執筆責任者だった茨城大学の教授が出したというが、画面を見ながらふと疑問が湧く。等高線つき白地図と色鉛筆が手元にあって、海面の上昇幅がわかれば誰でも、ほぼ同じ図を描くのでは？…と。

むろん、科学の作法どおり、仮説（海面上昇）から正しい結論（冠水面積）を導いた研究ではある。それにひきかえゴアの本と映画は、誇張や省略、歪曲にまみれ、ひたすら恐怖を押しつけたところがひどい。

さて本題に入る。地球温暖化が進めば、海水の膨張や氷河の融解で海面が上がり、低地が水没し、数千万人が家を追われる…という話だった。ほんとうなのか？

まずは、ＩＰＣＣ報告書に載ったグラフを眺めよう（図5・1）。気温（図3・1）と同じく、右上に向けてどんどん上がる。じっくり見れば、一三〇年間に最大二〇㎝、単純平均で年に一・五㎜（一九三〇年以降を直線とすれば年に約二㎜）上がる話だ。海辺に立てば二〇cmなど誰も気にしないのに、グラフは不気味さを漂わせる。

あいにく図5・1が生まれた現場に立ち会ってはいないため、関連のことがらを素材に使い、図5・1の素顔を考えたい。

素朴な疑問　海水準（海面の高さ）は、海岸に置いた潮位計で測る。置き場所の地盤（岩盤）が上下に動かなければ、測定値は海面の上がり下がりを指し示す。だが地盤はけっして不動ではない。東北地方の沿岸部を（陸前高田市の八四cmを筆頭に）軒並み数十cm沈下させた地震が来なくても、地盤はつねに隆起か沈下をしている。

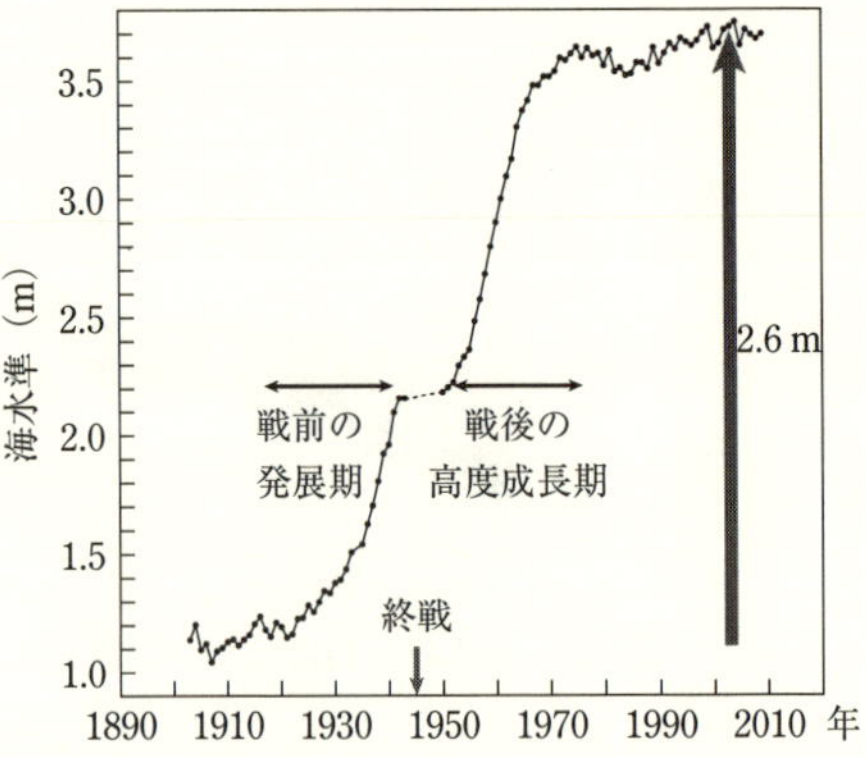

図 5.2　大阪港の海水準トレンド：1902〜2009 年

［気象庁ホームページ http://cais.gsi.go.jp/cmdc/center/graph/kaiiki5.html］

日本各地の海水準は気象庁や国土地理院が測ってきた。データの全体を眺め渡すと、少しずつ上昇中の場所は多いものの、そうでない場所もかなりある。

大阪港の海水準は一〇八年間に二六〇cmも上がった（図5・2）。経済成長と歩調を合わせて上がっているため、ビルの建設や地下水の汲み上げが起こした地盤沈下にちがいない。一九五五～六四年の一〇年間は、毎年ほぼ一〇cmずつ上がった（じつは地盤が下がった）。

静岡県・伊東の海水準は三五年間に七〇cm（年に平均二cm）下がり続けている。おそらくは岩盤の隆起だろう。かたや石川県・輪島の海水準は、一一五年間ずっと変わっていない。

大陸も島もプレート（岩）の上にあり、プレートはたえず動いている。たとえばハワイの島々は、年に六cmずつ日本に近づいているという。年に六cmもの動きなら、年にわずか数mmの隆起や沈下は、たやすく起きてしまうのではないか？

米国のNOAAは、世界一五九ヵ所の標準潮位計データをもつ。年に八mmずつ隆起中（一〇〇年に潮位計の読みが八〇cm下降）の場所もあり、七mmずつ沈下中（同七〇cm上昇）の場所もあって、単純に平均すれば（平均が意味をもつなら）、潮位計の読みは年に〇・五〜〇・六mm（一〇〇年に五〜六cm）ずつ上がることになる。

だが図5・1に見える一九三〇年以降の勾配（年に二mm）は、その三〜四倍も大きい。

そもそも地盤の隆起や沈下は正確に測れるのか？　測れないなら、「隆起・沈下」と「それ以外」は区別できない。先ほど紹介した輪島の「海水準一定」も、地盤の隆起と「温暖化による海面上昇」が重なった結果かもしれない。

モルディブとツバル

ストックホルム大学に、海水準の権威メルネル教授がいる。一九九九〜二〇〇三年に国際第四紀学連合の会長を務めた大御所で、もう四五年近く世界のあちこちに足を運び、現地で海を見つめてきた。

ＩＰＣＣ第三次（二〇〇一年）・第四次（〇七年）報告書の制作中、「海水準」分野の原稿を査読したメルネルが、こう回想する。「執筆者二二名のうち、海水準の専門家はゼロ。モデル計算屋しかいない。ＩＰＣＣの既定路線に合う結論を出すためか？」

そんな彼が二〇〇七～二〇一一年に書いた論文と解説記事や、インタビュー発言の中から、要点を列挙しよう。

① 過去四〇年ほど、インド洋に浮かぶモルディブの海水準は変わっていない。

② 南太平洋ツバルの海水準も、一九七〇年代から横ばいのまま（バングラデシュも同じ）。

③ モルディブやツバルの首脳が狙うのは、先進国からの援助だろう。

④ ＩＰＣＣ関係者は、データが既定路線に合うような潮位計を選んできた。

⑤ 観測データから推定した二一〇〇年時点の海面変動は、全海洋平均で「二〇㎝上昇～一〇㎝低下」となる（ちなみにＩＰＣＣの予測は「二八～五八㎝上昇」）。

⑥ 海水準の衛星観測は一九九二年に始まり、以後一〇年ほど横ばいだった。しかし観測研究者が二〇〇三年ごろ突如、年に二～三㎜ずつ上がる香港の潮位計一本に合わせ、衛星データを「右上がり」に変えた。ちなみに香港は地盤沈下が進行中。

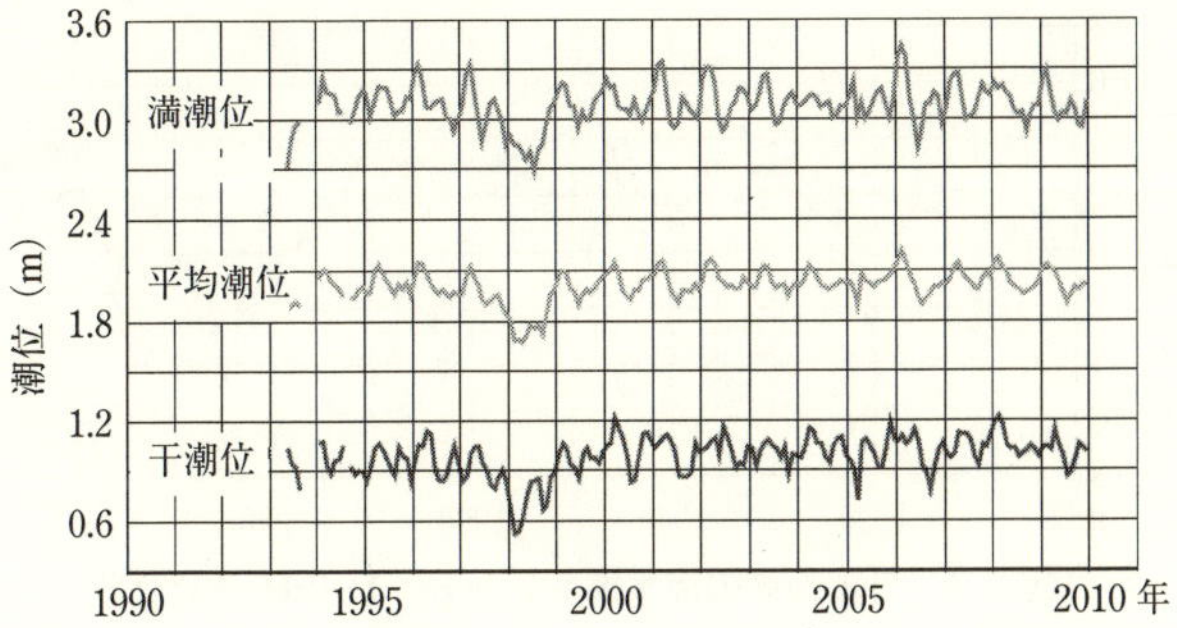

図 5.3　ツバル（首都フナフチ）の潮位トレンド：1993〜2009 年

［オーストラリア気象庁の公表データ http://www.bom.gov.au/ntc/IDO60033/IDO60033.2009.pdf］

すみずみまでの検証は私の手に余るし、メルネル見解にＩＰＣＣ関係者が反論した事実も知っているけれど、彼の発言には納得できる点が多い。

名高いツバルの海水準を眺めよう（図5・3）。オーストラリア気象庁が潮位計を設置し、一九九三年から測ってきたデータだ。どうみても横ばいだから、珊瑚礁を支える岩盤が隆起していなければ、過去一六年半にツバルの海面は上がっていない（約二mの干満差は、たいていの海域・観測点に共通）。

一九七七〜九九年には、ハワイ大学がツバルの海水準を測っていた。その結果も横ばいなので、「海水準ほぼ一定」の期間はおよそ三五年に延びる。

図5・3の「干潮位」だけには、かすかな上昇傾向が見えなくもない。もし上昇中なら、原因は地盤沈下だろう。ツバルの首都フナフチは人口密度が神戸市や京都市に近い都会で、コンクリートや鉄骨を使ったビルも国際空港もある。建設資材は他国から運びこむため、せまい

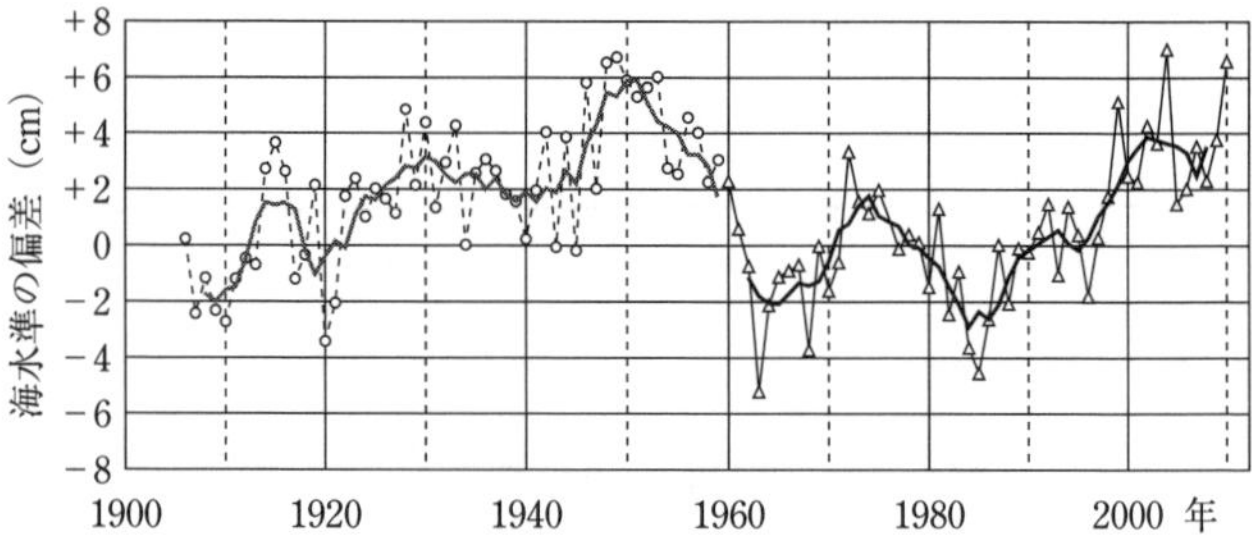

図 5.4　日本沿岸の海水準トレンド：1906〜2010 年

2011 年 2 月公表のデータ。縦軸は 1971〜2000 年の平均を 0 とした偏差を表す。

［気象庁ホームページ http://www.data.kishou.go.jp/shindan/a_1/sl_trend/sl_trend.html］

国土に重量物が乗ってじわじわ沈む可能性はゼロではない。

ご記憶の読者もいよう。ひところテレビは「ツバルの水没」シーンをよく流した。海水準はほぼ一定だから、大潮と高潮と低気圧がたまたま重なったときの映像だろう（気圧が三〇ヘクトパスカル下がれば、「おもし」がとれて海面は三〇㎝ほど上がる）。

日本の海水準　過去一〇五年間の海水準グラフ（図5・4）を気象庁が公開している。代表的な観測点として一九六〇年以前は四ヵ所、以後は一六ヵ所を選び、潮位計のデータを平均したものだという（むろん大阪や伊東は使っていない）。次の二点が明記してある。

- 海面水位に明瞭な上昇トレンドはない。
- 約二〇年周期の変動が見てとれる。

それなら日本で海面上昇は問題にならない。ただし、解説欄に「地盤変動の影響を除いた海面水位の変化と表層水温の変化には、よい対応が見られる」と付記した気象庁は、やはり「温暖化が問題」だと言いたいのか？　それよりも、微妙な「地盤変動の影響」を、どこまで正しく「除ける」のだろうか？

いずれにせよ、単純そうな「海面上昇」もまだ真偽がわからないし、少なくとも差し迫った問題ではありえない。

異常気象が増加中？

いま異常気象が増えている…今後はさらに増え、台風やハリケーンが巨大化し、洪水や乾燥化で農業が壊滅する地域もある…といった話を数年前からよく耳にする。

原因はみな「地球温暖化」だった。ＩＰＣＣのグラフ（図３・１）が正しいなら、「いま」は二〇世紀の後半から現在までを指すのだろう。異常気象というものが増えているかどうかをつかむには、統計を当たってみればよい。

ハリケーン　米国フロリダ州立大学の気象学者マウイーが、熱帯低気圧の衛星観測を一九七〇年代から続けてきた。熱帯低気圧（一般名サイクロン）は、日本近海など西太平洋に発生するもの

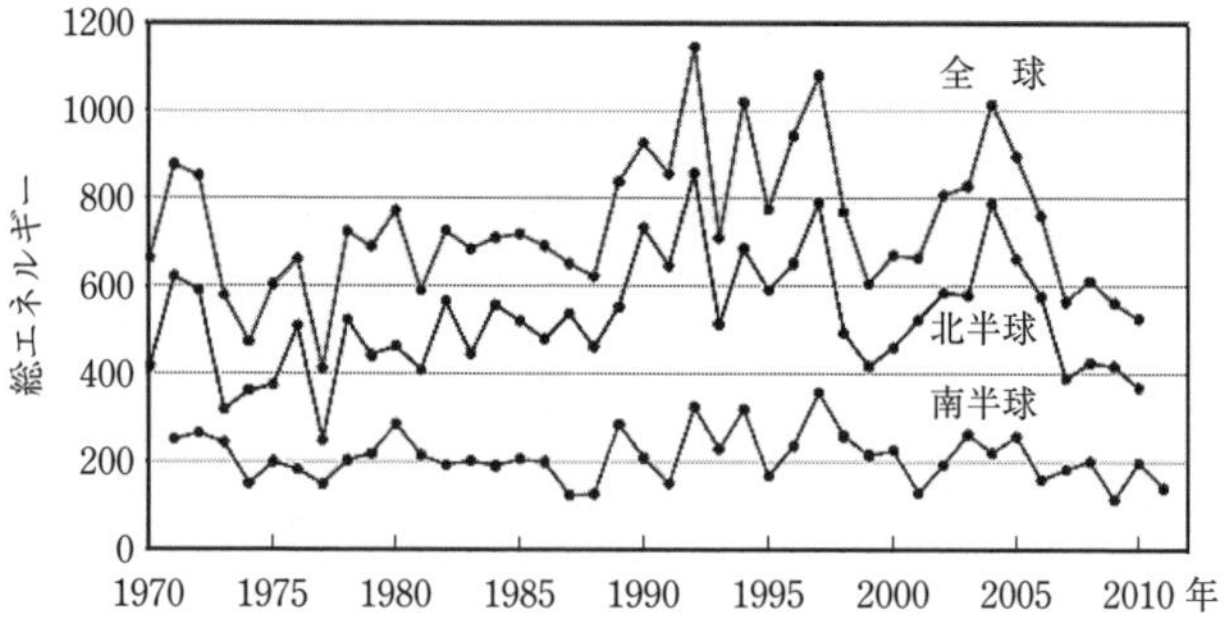

図 5.5　熱帯低気圧の総エネルギー推移：1970 年〜2011 年 9 月

縦軸の数字は「1 万平方ノット」という特殊な単位で表示。

［R. Maue, *Geophys. Res. Lett.*, **38**, L14803（2011）］

を台風、大西洋に発生するものをハリケーンと呼ぶ。

マウイーの観測結果は、二〇一一年七月の学術誌論文になった。推論やモデル計算など使わず、事実だけ淡々と述べた論文だ。論文に載っているデータのうち、過去四〇年間に発生した熱帯低気圧の総エネルギーを図５・５に示す。年ごとのアップダウンはあっても、全体的なトレンドは何も見えない。

論文には、同じ期間に観測された熱帯低気圧の発生数グラフもある（紹介は略）。やはり明確なトレンドはなく、むしろ少しずつ減りぎみだとマウイーはみている。

つまり、ＩＰＣＣ見解によれば温暖化が激しく進んだ一九七〇年以降（図３・１）、ハリケーンの強大化（モンクトン卿の指摘⑬）は進んでいない。

二〇一一年一一月には、長らく温暖化の脅威を訴えてきた別の大物ハリケーン研究者も、「今後一〇〇年間にハリケーンが増える可能性はない」と結論している。

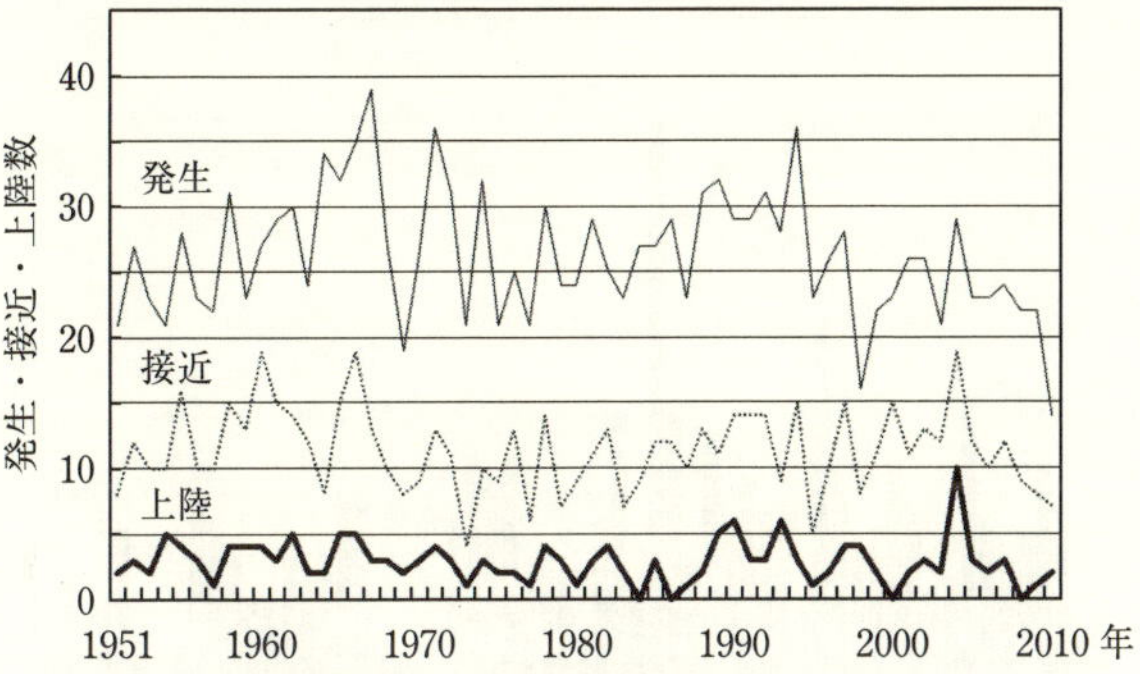

図5.6　台風の発生・接近・上陸数：1951〜2010年

［気象庁公表の数値データをグラフ化］

日本の台風　台風の統計（一九五一年以降）は気象庁のホームページにある。数値データをグラフ化して図5・6に示した。発生数・接近数・上陸数のどれにも、増加傾向はまったく見えない。

二〇〇四年には上陸数（一〇個）が最大だったため、ゴアの⑫は必ずしも誤りとはいえない。ただし、問題は「明確な増加傾向があるかどうか」だから、「ある年に多いか少ないか」は意味をもたない…とモンクトン卿も、ミス指摘文書に明記した。

米国の竜巻　NOAAの国立気候データセンター（NCDC）が、過去五一年間の米国に発生した強い竜巻（風速六〇m以上）の個数をまとめている（図5・7）。

一九七四年に突出して多かったり、二〇〇一年に少なかったりと凹凸はあるものの、特別な傾向がないのは誰の目にも明らかだろう。

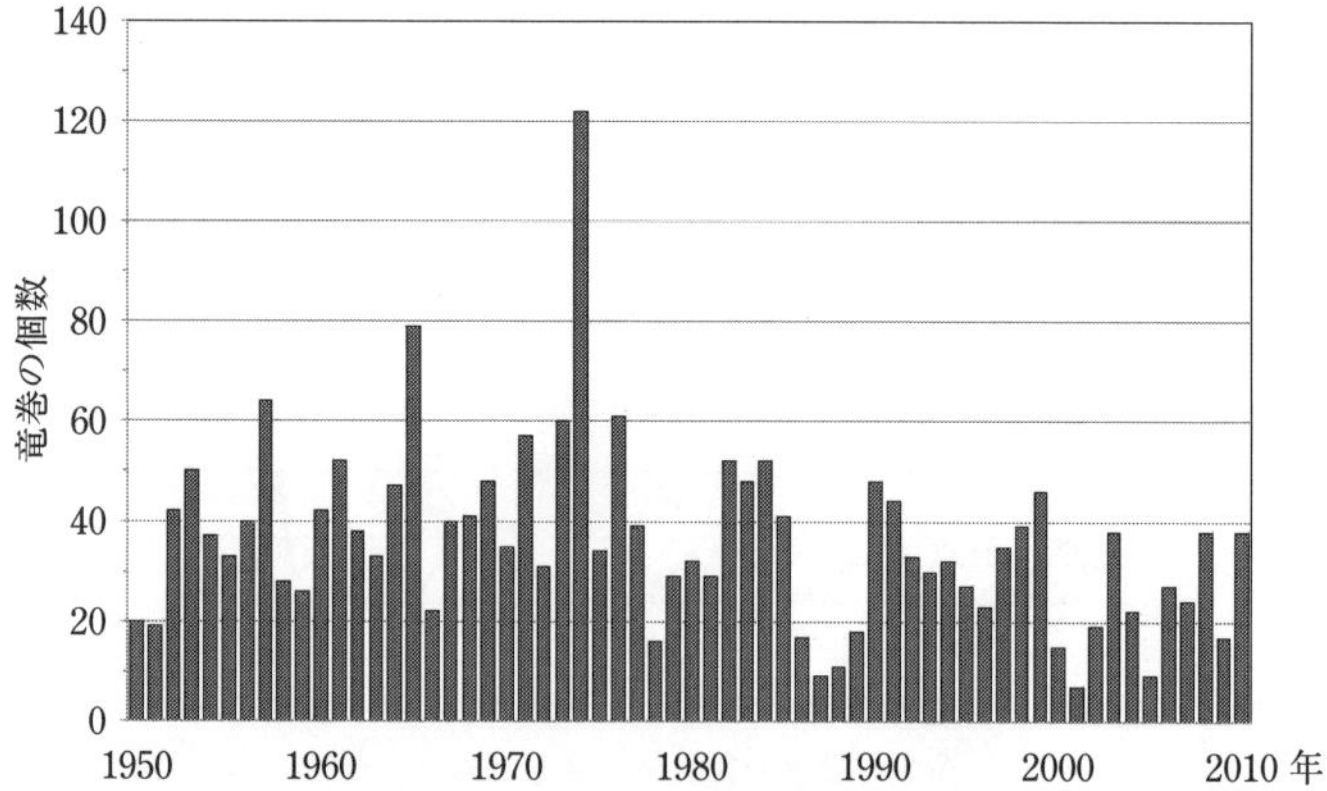

図 5.7　米国で発生した強い竜巻の個数：1950〜2010 年

［NOAA の公表データ http://lwf.ncdc.noaa.gov/img/climate/research/tornado/tornadotrend.jpg］

気象災害の人的被害　米国のリーズン財団という組織が二〇一一年の九月、一九〇〇年以降に世界で起きた自然災害の被害を報告書にまとめている。そのうち気象災害による死者は、干ばつ（全体の約六〇％）、洪水（三〇％以上）、暴風雨（約七％）を合わせ、人口一〇〇万人あたりで次のように激減してきた。

- 一九二〇年代　二四一名　・一九三〇年代　二〇八名　・一九四〇年代　一五六名
- 一九五〇年代　七一名　・一九六〇年代　五〇名　・一九七〇年代　一四名
- 一九八〇年代　一四名　・一九九〇年代　六名　・二〇〇〇年代　五名

ゴアの映画を見た人は「大きな気象災害で死者がどんどん増加中」というイメージをもつのだろう

が、統計データはそれに真っ向から逆らう。

気象関係の被害は、かすかな気温上昇などではなく、もっぱら防災で決まる。二〇〇五年八月にニューオーリンズ市ほかを襲ったハリケーン・カトリーナの被害（死者一八三六名、行方不明七〇五名）も、おもに防災が不備だったせいといわれる。

当時ちょうど『不都合な真実』を執筆中だったゴアは、願ってもない素材とみてカトリーナのことを本に組みこみ、ホラー話を織り上げたのだ。

以上でわかるとおり、過去数十年の気象に（ローカルな大災害は繰り返してきたにせよ）特別な傾向は何も見えない。もちろん未来のことはわからないのだが、未来予測で盛り上がる一部の研究者は無責任ではないか？

命や健康の危機？

モンクトン卿が指摘したミス三五個のうち六個は、人間と野生動物の命や健康にからむ。話題の一部を調べてみよう。

シロクマの受難？　二〇〇四年、アラスカ沖で米国資源管理局の研究者が、シロクマ（ホッキョクグマ）四頭の死体をヘリコプターから目撃する。シロクマは泳ぎが達者だけれど、当時その海域は三日間に及んで猛烈な嵐が荒れ狂い、ついに力尽きたようだった。

四頭の話を耳にしたゴアは、さっそくＣＧを映画に組み込ませ、「温暖化の悲劇」に仕立て上げた。やがて、「かわいそうなシロクマ」をテーマに子ども向けの歌をつくる人、それを教室で歌わせる教師、テレビで流すメディア関係者が増殖した。

しかしシロクマは、約二〇万年前にヒグマから分かれて以来、いまよりだいぶ気温の高い時期を何回も生き延びてきた。ここ数十年、シロクマの命を脅かしてきたのは狩猟しかない。一九四〇年には狩猟で五〇〇〇～一万頭に減ったシロクマが、近年は狩猟の規制で二万～二万五〇〇〇頭に増え、カナダ北部では行楽のとき見張りを立てることもあるという。

サンゴの白化？　サンゴも生き物だから、いつか必ず死期が来る。自然死のほか、空気や直射日光にさらされ、病気になり、折れたりすると死にやすい。異常な高温も死因になる。

一九九七～九八年に二〇世紀最大のエルニーニョ（６章）が起き、東太平洋の海水温を二℃くらい上げ、一部海域のサンゴを白化（死滅）させた。ただし、今後が心配な人は、ここ三二年間の海水温グラフ（図５・８）をじっくり見よう。

世界の平均海水温は、一九九六年ごろまでの一六・三℃から以後の一六・五℃へと少し上がった気配がある。図中のＥは太平洋中央部を暖めるエルニーニョ現象、Ｌは冷やすラニーニャ現象をいう。どちらも周期的に起きるけれど、一九八〇～九〇年代には大きな噴火が二回あり、海水温をわ

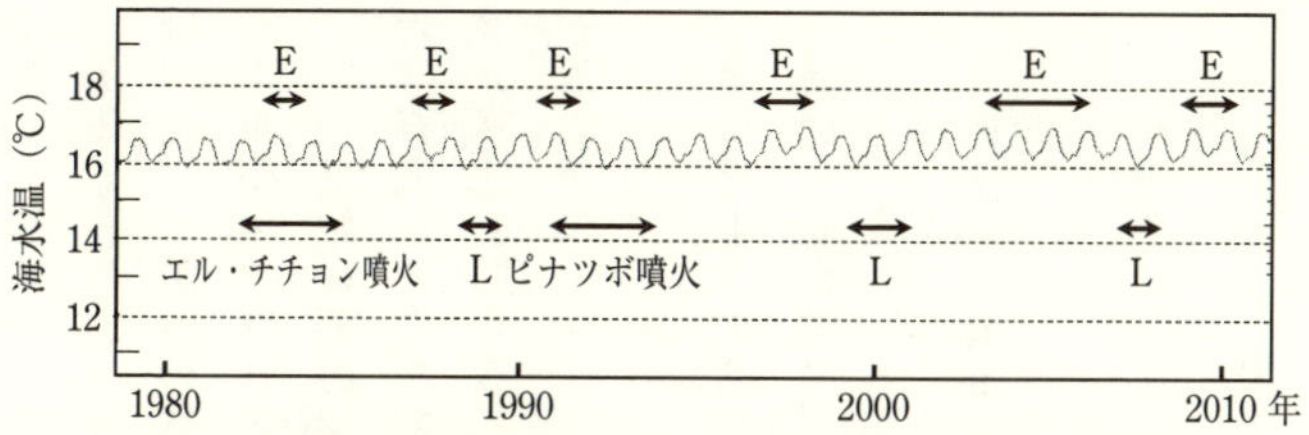

図 5.8　世界の平均海水温トレンド：1979 年〜2011 年 9 月

E：エルニーニョ，L：ラニーニャ

［米国立気候データセンター NCDC の公表データ］

ずかに下げたため、図の右半分が〇・二℃ほど高い。今後どうなるかは読めないが、少なくとも世界のサンゴを「熱死」させるほど海水温が上がるとは思いにくい（一九九八年以降に大規模な白化はいっさい起きていない）。

ローカルには、工事で流入する土砂や、観光客の起こす水質汚染がサンゴを傷める。それが広く知られるようになったため、数年前なら「温暖化でサンゴの危機」と報じたメディアも、昨今はあまりサンゴを取り上げない。

また、大気に増えるCO_2が海水を酸性化させ、二〇五〇年までに世界中のサンゴを殺すという説もある。けれど、海底から噴き出すCO_2が飽和した浅瀬でサンゴがスクスク育つ海域も二〇一〇年に見つかっている。また、最古の珊瑚礁は中生代（2章の図2・1）の堆積物中に見つかり、そのころのCO_2濃度は、いまの三〜六倍もあったのだ（図2・4）。

マラリアが拡大？　気温が上がると、病原菌を運ぶ蚊などが高緯度のほうや高地に向かい、たとえばマラリアを広めるという話も名高い。ほんとうなのか？

人々が自然のままに生きていた昔なら、病気の発生を気温が大いに左右しただろう。だが現在は、衛生や医療の状況が決定的に効く。年平均気温が東京より七℃高い台北や、一〇℃高いシンガポールが「マラリア地獄」だという話はついぞ聞かない。

二〇世紀最悪のマラリアは一九二〇～三〇年代のシベリアを見舞い、約一三〇〇万人が感染し、六〇万人が死亡している。また、二〇一一年一二月の「ネイチャー」誌に、温暖化はむしろマラリアの蔓延を抑えるという記事が載った。つまり気温とマラリア流行に関係はない（終章二一八ページも参照）。

温暖化ホラー話のあれこれを思うたび、横井也有《やゆう》（一七〇二～八三年）が俳文集『鶉衣《うずらごろも》』に残した次の一句が頭に浮かぶ（原典は「化け物の…」。尾花はススキのこと）。

幽霊の正体見たり枯れ尾花

6章　繰り返す気温変動

テレビ映像によれば、二〇一〇年夏のモスクワ熱波（3章の冒頭）はこんな状況だった。

耐えがたい猛暑の中、あちこちの森が燃え続け、その煙で空気がかすみ、太陽はぼんやりと赤っぽい。呼吸困難を訴える人もいる…

だがこの文章は、二〇一〇年ではなく一八三一年に書かれた。ロシアには、似たような記録がほぼ七〇〇年前から残り（一八八五年にはチャイコフスキーが手紙に山火事を描写）、モスクワ近辺の熱波は数十年ごとに起きていたとわかる。

二〇一一年一〇月一五日の日本地震学会特別シンポジウムでは、三月一一日の大地震を予知できなかったことにつき、「ずっと古い時代の地震もしっかり振り返るべきだった」というような反省の弁が聞かれたという。

地球温暖化話も似ている。いま進行中だという昇温は、かつてなかったことなのか? 過去にもあったなら、気温はなぜ上がり、何か悪いことが起きたのか? 逆に気温の下がった時期もあれば、暮らしにどんな影響があったのか?

そんな目で過去を振り返ろう。あまりにも古い話は近い将来の参考にならないため、せいぜい二〇〇〇年間にとどめる。

どちら向きでも大問題

約一〇〇年前から、今回を含めて四回、気温変動は世間の話題になってきた。

一九世紀末の寒冷化　一八九五年五月二四日の「ニューヨーク・タイムズ」に、氷河期の接近を警告する記事が載る。世界各地から低温の報告が相次ぎ、氷河も成長しているという。記事は同紙の部数を伸ばし、広告収入の増加につながった。
十数年後の一九一二年四月一四日には北大西洋で豪華客船「タイタニック」が、海図にない氷山とぶつかって富豪や著名人を含む一五〇〇名が命を落とし、寒冷化の話にも勢いがつく。三ヵ月後の「ニューヨーク・タイムズ」が一面に載せた記事では、コーネル大学の教授が「最新の科学知見」をもとに「迫りくる寒冷化」を警告した。一八八〇〜一九一〇年の寒冷化傾向は、3章の図3・1にもくっきり見える。

一九一〇〜四〇年の温暖化　そのあと地球は温暖化に振れた。証拠として、米国の新聞記事を二つだけ紹介しよう（見出しと冒頭部分を訳出）。

①　一九二二年一一月二日「ワシントン・ポスト」**北極海が昇温中**――ノルウェー国ベルゲンのイフト領事から商務省への連絡によると、北極海の水温が上がって氷山が成長しにくく、…。漁師も探検家も、気候の急変と前代未聞の高温を警告している。

②　一九四六年一〇月一六日「バークシャー・カウンティ・イーグル」**通常船舶も北西航路を航行可能に？**――通常船舶でも年間三ヵ月以上は北西航路を航行可能になるとの予測を、昨年夏に北極探検隊を率いたクルーゼン艦長が本日、帰国後初の記者会見で語った。

北西航路とは、ヨーロッパから北西に向かってカナダ沖の北極海を通り、米国の西海岸やアジアを目指すルートをいう。もうひとつ、シベリア沖に沿うルートを北極海航路と呼ぶ（図6・1）。どちらも、パナマ運河やスエズ運河（＋マラッカ海峡）のほうに回らず、時間がずっと短くてすむため、通れたら交易にはたいへん都合がよい。

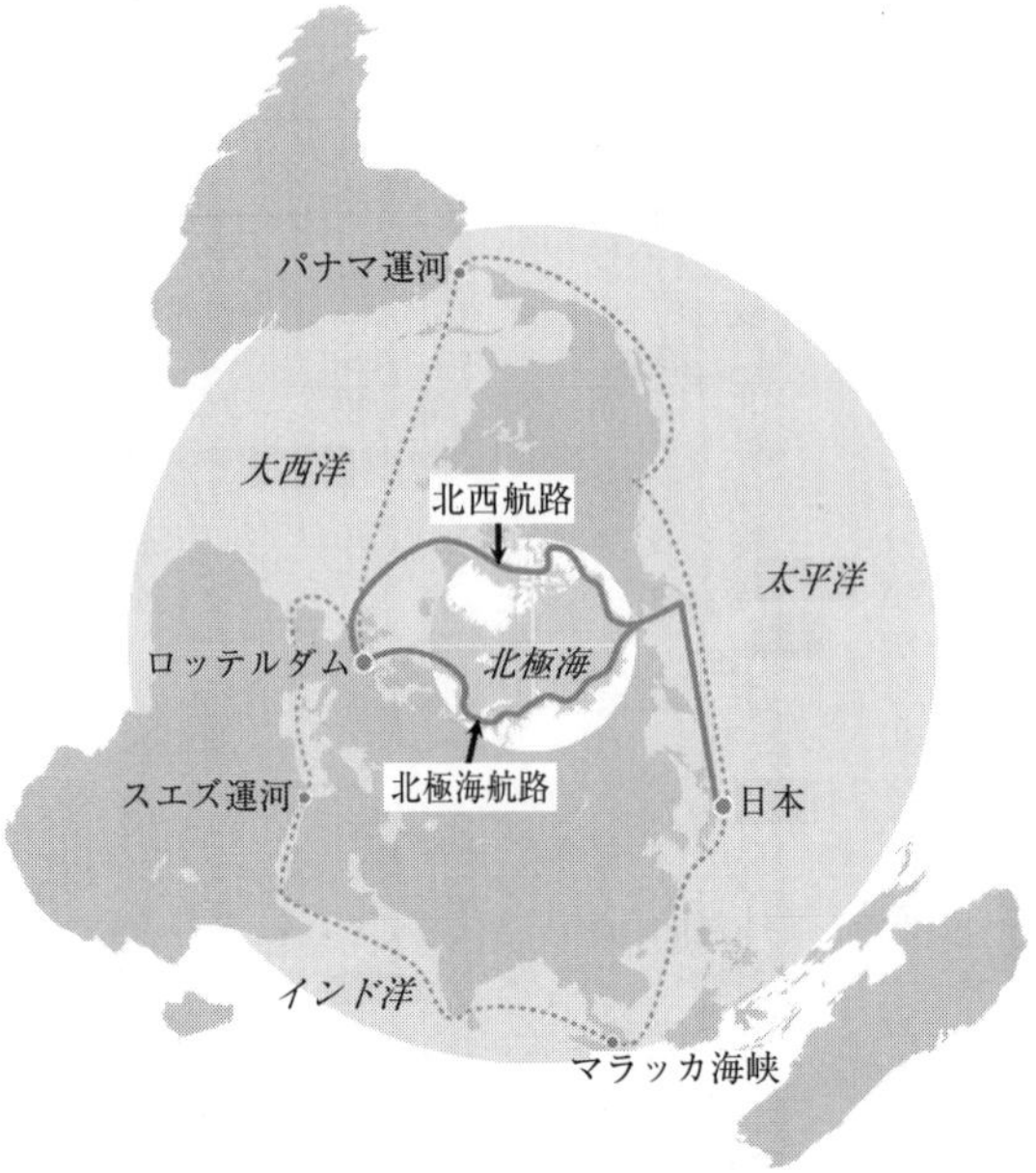

図 6.1　北西航路と北極海航路

さて二〇〇九年九月一四日の毎日新聞には、同月上旬にドイツの貨物船二隻が韓国から北極海航路を通り、シベリアの港に着いたとの記事が載った。航路開通を喜ぶのではなく、「史上初めて北極海航路が開いたのは、温暖化で氷が減ったせい」という論調だったが。

その話には後日談がある。航海を世の話題にしたいドイツの海運業者が九月九日の記者発表資料に「史上初」と書き、それを英国の「タイムズ」紙やBBCラジオが報じた。しかし一四日、北極海航路が一九三〇年代に開いていた事実を「レジスター」紙が暴く（ネットで調べたらすぐわかる話）。同日、誤報とは知らずに（？）毎日新聞が報じたことになる。

いま北極の海氷は史上最少だという話もあるが、それも史実に合わない。なにしろ一九五九年には米国海軍の潜水艦「スケート」が、氷のまったくない北極点に浮上している（写真が残存）。

一九四〇～七〇年代の寒冷化　これも図3・1でわかるとおり、一九四〇～七〇年代には地球の寒冷化が進んだ。七〇年代には「地球寒冷化」「氷河期接近」が科学界とメディアの話題をさらい、国内外でおびただしい警告本が出ている。作家の小松左京氏や、元「ニュートン」誌編集長の竹内均氏も著作を残す。

うち一冊、根本順吉氏（元気象庁予報官。一九一九～二〇〇九年）が一九七四年に出した『冷えていく地球』から、「はじめに」の一部を転載しよう。

> 異常気象や気候変動の原因は、現在なお不明な点が多い。しかし原因は不明のまま、その影響は世界の人たちの生活に及んできている。…科学的にその原因を究明することも大切であるが、緊急な臨床的問題としてこれに対処してゆかねばならない。

近ごろは、まったく同じトーンで「温暖化」を騒ぐ人が多い。

そして再び温暖化

一九七〇年代の後半からは、人為的CO_2温暖化を心配する人が続々と現れ、一九八八年のハンセン証言（3章）をきっかけに世はCO_2脅威論一色となる。そのとき大きな役割を演じたＩＰＣＣの素顔は、7〜8章でじっくり解剖したい。

なお右記の根本氏は、一九八九年に『熱くなる地球』という本も出している。ハンセンが前年の証言で使ったグラフを使い、人為的CO_2の災いを考える本だ。素早い転身には舌を巻くし、警世の思いは行間からにじみ出るけれど、意見が正反対になった理由はよく読みとれない。

それはともかく、一九世紀末からの「寒→暖→寒→暖」は、ほぼ三〇年ごとだった。くり返し周期で約六〇年になる。周期変動が事実なら、原因は何なのだろう？

約六〇年周期で変わる海水温

水よりも熱容量（比熱）がずっと小さい空気は、暖まりやすくて冷めやすい。だから、海水温が少し変わるだけで、気温はずいぶん変わるはず。

海には海流がある。場所ごとに温度のちがう海水は、水平方向ばかりか、深さ方向にも動く。そのため、太陽から来るエネルギーが一定でも、大気と接する海水面がもつ熱は、時間とともに変わる。それが地球の気温を変えると思うのは、ごく自然な発想だろう。

二〇世紀の末ごろ、太平洋や大西洋の水温は周期的に変わるとわかった。太平洋には約一〇年周期の振動（ＰＤＯ）が、大西洋には数十年周期の振動（ＡＭＯ）が知られる。

エルニーニョとラニーニャ　太平洋の水温を変える要因として、エルニーニョとラニーニャが名高い。南米の西岸沿いに、冷たいペルー海流が底層を北上する。ペルー沖に来ると、赤道沿いの貿易風（東風）の作用で浮上し、太平洋を冷やしながら東南アジアへと向かう。

貿易風はときどき弱まり、冷たい水を浮上させなくなってペルー沖の水温を上げる。高温の海水が貿易風に押されて西のほうに向かうと、太平洋の広い範囲が暖まる。クリスマスを含む年末ごろに起きやすいところから、「男の子＝キリスト」を意味するスペイン語でエルニーニョという（ペルーはスペイン語圏。英訳すれば「ザ・ボーイ」）。

反対に、貿易風が強まってペルー沖の水温が下がり、冷たい表層水が太平洋東部からアジア方面に広がる現象をラニーニャ（スペイン語「女の子」）と呼ぶ。エルニーニョもラニーニャも数年ごとに発生・消滅を繰り返し、太平洋の表層水温をおよそ一〇年周期で変える。

ラニーニャが太平洋を東から西へ冷やしていくころ、先行エルニーニョのなごり（高温の表層水）が西太平洋にたまっている。初夏にそれが起き、先行エルニーニョが強ければ、日本は猛暑、北米（南米）の西海岸は冷夏（厳冬）になる。二〇一〇年も一一年もそうだった。

水温と気温のリンク　太平洋（北緯二〇度以北）の水温データを図6・2に示す。これほどの

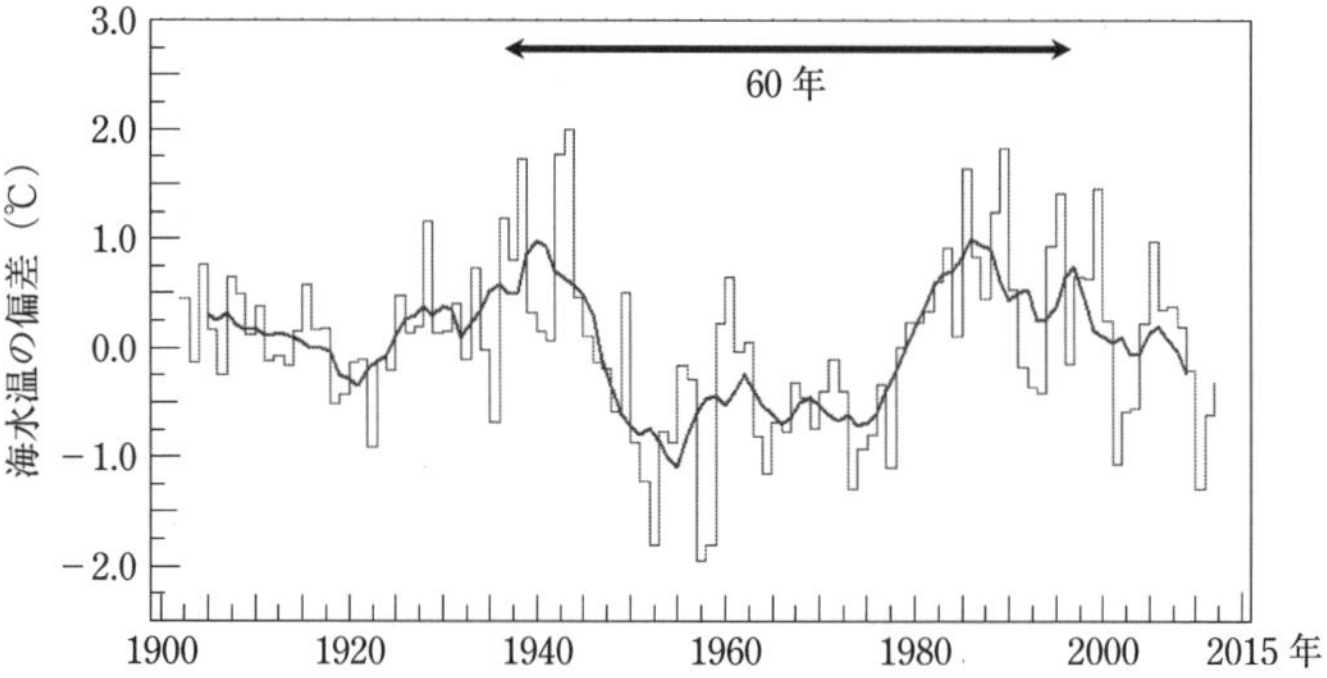

図 6.2　北太平洋の海水温の変動：1900〜2010 年

直線的な昇温トレンドは差し引いてある。

［オスロ大学地球科学科 Humlum 教授のホームページ http://climate4you.com/］

長期だと、知らなければ気づかない約一〇年周期のほか、五〇〜六〇年周期の振動も見える。かたや北大西洋の水温（図6・3）は、約六〇年周期の振動をくっきりと見せる。

長いほうの周期に注目しよう。太平洋も大西洋も、水温は次のパターンをもつ。

❶下降（〜一九一〇年）❷上昇（一九一〇〜四〇年）❸下降（一九四〇〜七〇年代）

❹上昇（一九七〇年代以降。太平洋は二〇世紀末から下がりぎみ）

前節の「寒→暖→寒→暖」が、❶〜❹にぴったりと合う。つまり一〇〇年スケールでみれば、地球の気温はおもに海水温の変動（自然現象）が上下させてきたようだ。

❶〜❹は、IPCCの気温グラフ（図3・1）にもよ

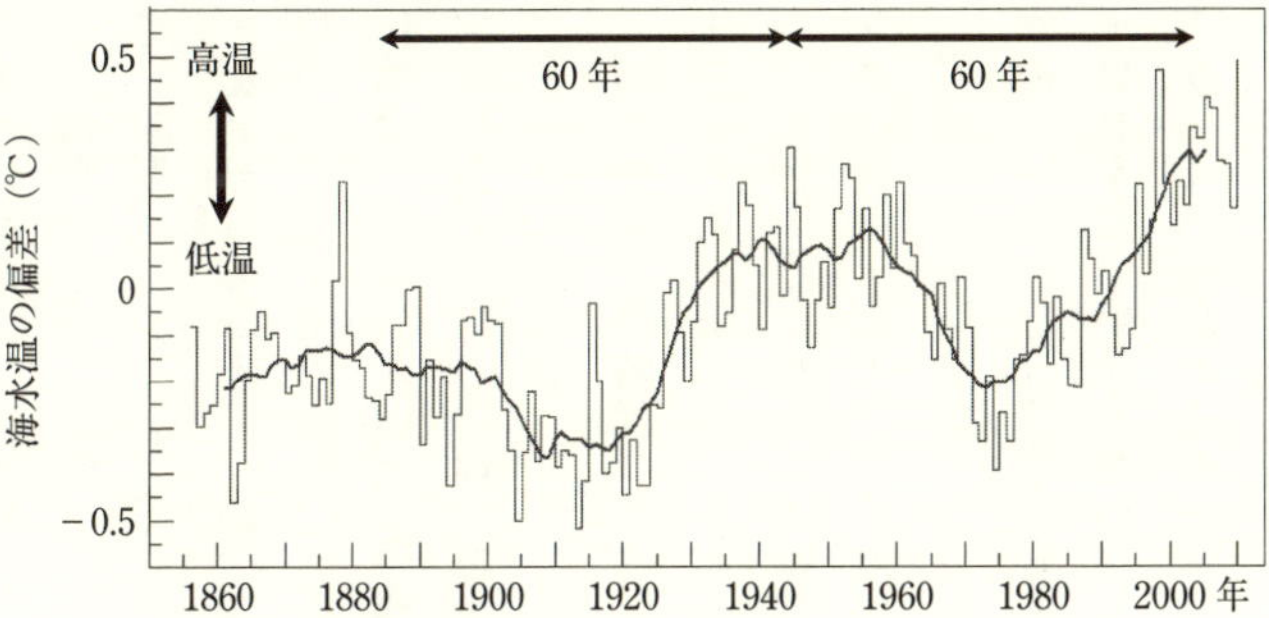

図6.3　北大西洋の海水温の変動：1856～2010年

直線的な昇温トレンドは差し引いてある。

［オスロ大学地球科学科 Humlum 教授のホームページ http://climate4you.com/］

く表れている。一九七〇年代以降の昇温トレンドは、都市化（3章）のほか水温変動（図6・2、図6・3）も含むはずだから、人為的CO_2による昇温は、やはり全体の一部なのではないか？

なお二〇一一年一二月現在、さまざまな測定データをもとに、太平洋も大西洋も「強い低温化モード」に入ったとみる研究者が多い。事実なら、世界の気温は二〇一二年の夏ごろまで下がり続ける（海水温が振動する仕組みはまだよくわかっていないため、本物の周期変動かどうか確かめるには、今後一〇〇年くらいの観測が必要だろう）。

次に、時を一〇〇〇年ほどさかのぼり、もっと大きな気温変動を眺めよう。

中世温暖期（紀元九〇〇～一三〇〇年ごろ）

水を使う温度計の考案（ガリレオ）は一五九三年、水銀温度計の発明（ファーレンハイト）は一七一四年なので、それより前の気温データはない。けれど、信頼できる人が残した文章や絵、歴史的事実、遺跡や遺物、堆積物などから、当時の気温が推定できる。

紀元一〇〇〇～一一〇〇年を中心とする約四〇〇〇年間（日本の平安～鎌倉時代）を中世温暖期と呼び、ピーク時の気温はいまより一℃以上も高かったといわれている（小数点以下にこだわる温暖化論で一℃は大きい）。話題の一部を紹介しよう。なお現在、中世温暖期の存在を肯定的に論じた学術誌論文は二〇〇編を超す。

バイキングの時代　まずはグリーンランドの話が名高い。九八二年、殺人の罪で母国ノルウェーを追われた男エリックが西に船出し、大きな島を見つけた。刑期がすんだあと、「グリーンランド」に行こうと数百人の仲間を誘って入植を果たす。以後三〇〇年間ほどグリーンランドはバイキング（襲撃・略奪）の本拠になり、漁業と農業が暮らしを支えた。

当時グリーンランドの気温はいまより四℃高かったと推定されている（一般に北極圏は気温変化が激しい）。永久凍土を掘ると、バイキングの住居跡や墓地が出てくる。土に花粉が見つかるトウモロコシは、いまの寒いグリーンランドでは栽培できない。いまグリーンランドやアイスランドに人がらくらく住めるのは、文明の利器があればこそだ。

ワインの生産　次にワインの話がある。中世温暖期のイギリスでは、いまフランスやドイツにある畑より数百㎞も北の地でブドウを栽培し、みごとなワインをつくっていた。

ドイツのブドウ畑も、当時の暖かさを物語る。いまドイツの畑は海抜四五〇m（特殊な場所でも五四〇m）より低い場所にあるが、古い畑の跡は七五〇mあたりにも見つかる。気温と海抜の関係からみて、気温は一・五℃近く高かっただろう。

当時のアルプスでは、いまの「森林限界」より四五〇mほど高い場所にも木が生えていた。またアイスランドでは、崩れる氷河の端部から、中世温暖期に茂っていたシラカバの木が、当時そのままの姿で吐き出されるという。

一一三〇年の夏にはライン川、一一三五年の夏にはドナウ川の水が暑さのせいで大きく減り、歩いて渡れたという記録も残る。

ほかの地域と日本　ヨーロッパの外に目を転じよう。フロリダ東南東の海域で採取した古い貝殻の年輪幅が、中世温暖期はいまより約一℃高かったと語る。中国東北部の堆積物や、南米アンデスの氷を分析した結果も、気温が同じくらい高かったことを示す。

そうした事実を総合すると、中世温暖期は地球規模の現象だったように思える（むろん年ごとの寒暖はあっただろうが）。

日本では、中世温暖期に重なる約一〇〇年間（一〇八七～一一八九年）、岩手県の平泉を中心に藤原三代が栄えた。古い時代の繁栄とは、コメがたっぷりとれることをいう。化学肥料も農薬も品種のバラエティもない時代、収量はおもに水利と気温・日照が決めた。すると当時の東北地方も、いまよりだいぶ暖かったのでは…と私は推測している。

小氷期（一三五〇～一八五〇年ごろ）

一四世紀の後半に地球は寒冷化を始め、バイキングのグリーンランド生活も幕引きに向かう。氷河が成長してゆっくり流れ下る同島は、少数の先住民だけが残る氷の島になっていく。

一三五〇～一八五〇年の約五〇〇年間（日本の室町時代～江戸末期）を、小氷期という。ヨーロッパ各地のほか中国やニュージーランド、チリ、アフリカで採取した古木、堆積物、氷、サンゴ、石筍《せきじゅん》の分析からも、いまより気温が一℃は低かったと推定されている。すると小氷期も、やはり年ごとの寒暖はあったにせよ、世界レベル現象だったのだろう。

ヨーロッパと北米　真冬のロンドンではテムズ川が凍り、厚み三〇cmを超す氷が張って、氷上の盛大な冬祭りが年中行事だったと古記録や絵画が伝える（二〇世紀以降、テムズ川が凍った冬は四回しかなく、氷の厚みが三〇cmを超した記録もない）。

一六二〇年一一月、メイフラワー号でイギリスを出帆し、いまのマサチューセッツ州コッド岬に着いたピルグリム（巡礼始祖）の一〇二名も、故国と同じ新世界の厳しい冬に苦しんだ。ピルグリムの指導者ブラッドフォードが、当時の悲惨な状況を書き残す。

一七〜一八世紀には世界各地で凍死や餓死が多発し、一六九三年にヨーロッパを見舞った凶作の死者は数百万にのぼったという。

日本の凶作　日本も例外ではない。江戸時代に凶作や飢饉が多かったのは、寒さ続きだったせいとみる研究者がいる。江戸期の四大飢饉（寛永一六四二年、享保一七三二年、天明一七八二〜八七年、天保一八三三〜三九年）も小氷期のころだった。

一八世紀には富士山（一七〇七年）と浅間山（一七八三年）の大噴火もあり、火山灰が気温をかなり下げたといわれる。また、天明の飢饉、浅間山の噴火と同じ一七八三年にはアイスランドのラキ山が大噴火し、北半球全体の気温を下げた。それが凶作を招き、フランス革命（一七八九年）の誘因になったという説もある。このように寒冷化は、温暖化よりずっとあぶない。

気候の略史二〇〇〇年

イギリスのイーストアングリア大学にラム（一九一三〜九七年）という研究者がいた。中世温暖期の存在を一九六五年に唱え、石油大手（シェル、ＢＰ）などの資金で気候研究所（ＣＲＵ）を設

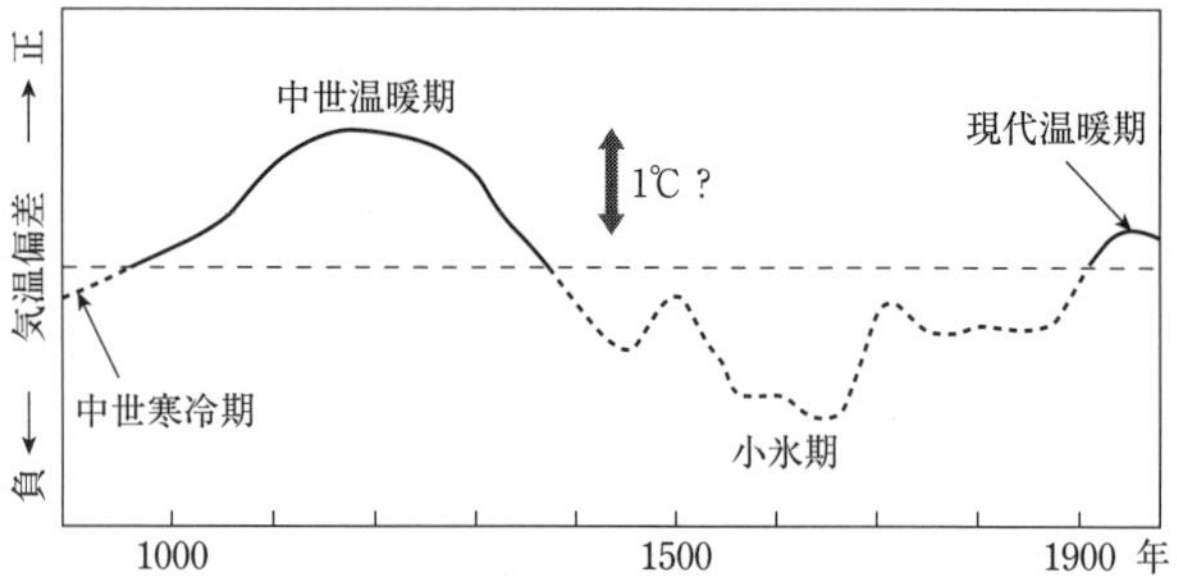

図 6.4　過去 1100 年間の気温あらまし

原図にない温度スケール「1℃？」は本文中の情報をもとに著者が追記。
［1990 年の IPCC 第一次報告書，Fig. 7.1c］

立し、初代所長（一九七二～七八年）を務めている（ちなみにCRUは、次章で述べるクライメートゲート事件の震源地となる）。

ラムが一九六五年の論文に載せた元データを、IPCC関係者は一九九〇年ごろまで補完したうえ、図6・4の形で第一次報告書に採用した。過去一一〇〇年間に地球の（とりわけラムが調べていた北半球の）気温がたどったと思える道のりを表す。

気温がこう変わってきたと考えれば、前節までに紹介した中世温暖期と小氷期のエピソードあれこれも腑に落ちる。図6・4は、一九九〇年代の中期まで気候科学者の常識だったからこそ、IPCCの報告書にも載ったのだろう。

氷河とキリマンジャロ　図6・4をもとに、ゴアの本と映画（前章）で名高い氷河の減少を見直そう。世界の氷河は小氷期に大きく成長し、アルプスの村を押しつぶした事例も知られる。小氷期が終わって「現代温暖期」に入るころ氷河は少しずつ融け始め、それがまだ進行中なら、いま少しずつ減っていても不思議ではない。
アラスカの南東部にあるグレイシャー・ベイという奥行き一〇〇kmほどの細長い湾は、かつて氷河が埋め尽くしていた。観測記録を眺めると、氷河は一七六〇年代から後退（融解）を始め、二〇世紀初頭には一〇〇kmの後退をほぼ終えている。その事実も、小氷期以後のゆっくりした自然な気温上昇をありありと語る。

氷河といえば、温暖化番組の冒頭を飾る「崩落シーン」には笑ってしまう。寒冷地の雪からできる氷は、どこまでも増えるわけにはいかない。端に向かってじわじわ流れ（だから氷河。南極の氷は約五〇〇〇年かけて中心から端へ流動）、端で必ず崩れ落ちる。氷を融かすほど気温が上がったら、氷は先端部から融けていくため、崩落の勢いは弱まるだろう（八三ページの㉝も参照）。つまり氷河の崩落シーンは、愚劣な子どもだましにすぎない。

なお、近年キリマンジャロの雪が減ったのは、温暖化のせいではない（頂上付近は年じゅう氷点下）。山麓で人口が増え、森林の伐採が進んだ。それが土地の保水力を減らし、一帯の乾燥化を促して、雪や氷を蒸発（昇華）させるのが原因だといわれる。

中世温暖期より前　図6・4の左端より古い時代もざっと振り返ろう。紀元四～七世紀は「中世寒冷期」と呼ばれ、世界的に寒かった。ヨーロッパではゲルマン民族が（寒さを逃れて）南下し、西ローマ帝国滅亡（四七六年）の一因になったといわれる。

同じころの日本を「古墳寒冷期」と呼ぶことがある。古墳時代〜飛鳥時代の四〜七世紀には、やはり寒さを逃れてか、朝鮮半島から数十万人が日本に渡来した。京都の太秦《うずまさ》に定住した人々だけで数万にのぼったという。

もっと前、紀元前三世紀から紀元三世紀は暖かかった。当時おおいに繁栄した古代ローマの名から、その四〇〇〜五〇〇年間を「ローマ温暖期」と呼ぶ。

このように人類は、暖かい時期に栄え、寒い時期には（暖かさを求めて）移動する…という営みを繰り返してきたように思える。

さて、二〇世紀より前の温暖期は、むろん人為的CO_2とは関係ない。数百年も続く温暖期や寒冷期は、いったい何が生んだのか？

寒冷期のほうは、おもに火山活動のせいだという説もある。しかし、どれほどの大噴火でも、火山灰の冷却効果はせいぜい四〜五年しか続かない。となれば、地球表面がもつ熱のほとんどを恵む太陽に注目しなければいけない。

太陽の周期変動

太陽の観察はガリレオ（一五六四〜一六四二年）が始めた。一六〇九年に望遠鏡を自作した彼は、黒点の観察結果をさっそく『太陽黒点論』（一六一三年）にまとめている。当時から二〇〇九

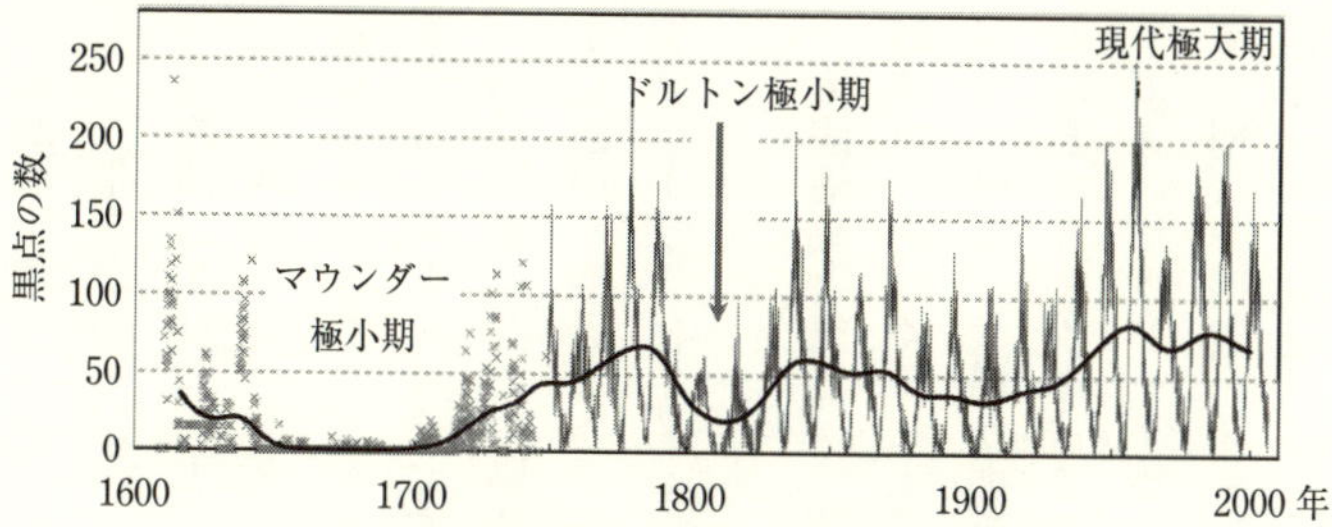

図6.5　太陽黒点数の推移：1610〜2009年
［ウィキペディアの「太陽変動」］

年までの黒点データを図6・5に示す。

黒点は磁力線の吹き出し口にあたる。黒い部分の温度（約四〇〇〇℃）は周辺（約六〇〇〇℃）より低いものの、太陽が宇宙に放出する総エネルギーは大きい。つまり、黒点が多いほど、地球に届くエネルギーも多くなる。

黒点サイクル　黒点の数は、約一一年の周期でゼロと一〇〇～二〇〇の間を行き来する（黒点サイクル）。一七五五年に開始のサイクルを一番とみるため、図6・5の右端にあるピークが二三番となる。二〇一一年一二月現在、二〇〇九年に始まった二四番が成長の途上にある。

黒点サイクルに従い、地球が受け取るエネルギーも約一一年周期で変わる。ただし最大エネルギーと最小エネルギーの差は約〇・一％なので、同規模のサイクルが繰り返すだけなら、黒点の増減は気温を〇・一℃台しか変えない。

サイクル群の生む長期変動　だが図6・5には、サイクルの群れが数十年〜一〇〇年周期で示す変動も見てとれる。黒点ゼロの続いた七〇年間（一六四五〜一七一五年）がいちばん名高く、そこをマウンダー極小期という。また、弱いサイクル四番と五番が生じた四〇年間（一七九〇〜一八三〇年）をドルトン極小期と呼ぶ。

ちなみに、マウンダー極小期はイギリスの天文学者マウンダー（一八五一〜一九二八年。英語読みならモーンダー）の名前、ドルトン極小期（別名「ダルトン極小期」）はイギリスの化学者・気象学者ドルトン（一七六六〜一八四四年）の名前からきた。

黒点観測以前の太陽活動は、古木の炭素14同位体分析から推定できる。たとえば、図6・5より少し前の一四五〇〜一五五〇年は、太陽活動が弱かったとわかっている。そのおよそ一〇〇年間をシュペーラー極小期という。

太陽活動と気温

銀河から大気圏に届く宇宙線は、地球を冷やす雲（4章）のタネ（水蒸気の凝結核）をつくる。太陽が強いと、地球をくるむ太陽風が宇宙線をさえぎり、雲の生成を抑えて気温を上げる（太陽が弱まると、増える雲が地球を冷やす）。むろん、活発な太陽活動が長く続けば、地球表面の七割を占める海がエネルギーを貯め、気温をじわじわ上げる効果もあろう。

事実、マウンダー極小期もドルトン極小期も、世界的に寒かった。図6・5にないシュペーラー極小期（一四五〇〜一五五〇年）は、中世温暖期から小氷期に移る引き金だったのかもしれない。なお、中世温暖期に太陽が活発だったことは、炭素14分析から推定されている。

このように長期の気温変動は、太陽活動とかなりよく関係しているようだ。

二〇〇九年に始まって成長中の二四番サイクルは、黒点が二三番（図6・5右端）よりだいぶ少なく、ドルトン極小期を再現させるという予想もある。そうなれば海水温の振動（一〇四ページ）と合わさって、地球は今後二〇～三〇年ほど冷え続けるのかもしれない。

現在は転換期？

五〇年も大気を調べてきたアラスカ大学の赤祖父名誉教授によれば、気温の長期変動は太陽（図6・5）が決め、海水温（図6・2と図6・3）がそれを変調する。そして、一八〇〇年ごろから「一〇〇年に約〇・五℃」の昇温がまだ継続中だという。

また同氏は、過去一〇〇年の昇温（約〇・七℃）のうち八〇％以上を自然変動とみる。もしそうなら、太陽が弱まりつつある現在は、小氷期からの回復が終わりかけ、新しい変動モードに入る転換期だといえよう（むろんほかにもさまざまな意見はある）。

いずれにせよ気候は昔から自然に変動してきたし、今後も変動し続ける。そこに人為的CO_2がどれほど効くのかは、まだ推測の域を出ない。

歴史の修正

ＩＰＣＣが一九九〇年の第一次報告書に載せた図6・4は、いままで眺めた地球の気候史をよく映し出す。しかし第二次報告書（一九九五年）では古気候の考察を、中世温暖期に重ならない一四〇〇年以降に限っている。

元祖ホッケースティック　二〇〇一年の第三次報告書は、マサチューセッツ大学の古気候学者マンらが一九九八〜九九年に報告した図6・6を目玉にした。競技用の棒に似た姿から「ホッケースティック」のあだ名がつく。一〇〇〇〜一九五〇年の値は木の年輪やサンゴ、歴史記録による推定を表し、一八六〇〜一九五〇年の期間は実測値と推定値を重ねてある。

一八五〇年以降（とりわけ一九五〇年以降）の異常な昇温がパッと目につく。IPCCは図6・6を報告書の六ヵ所に散りばめ、人為的CO_2主犯説をアピールした。

だが問題は、中世温暖期も小氷期もきれいさっぱり消えているところだ。

CO_2主犯説の「正のフィードバック」（4章）が正しいなら、いまより一℃以上も高い時期、海の吐くCO_2が熱暴走を生んだはず。そんな史実はないから、IPCCは中世温暖期を消したかったのではないか？　独裁政治を風刺したオーウェルの名作『1984年』にいう、「過去を制する者が未来を制する」世界だといえるかもしれない。

技術者の異議申し立て　マンのグラフは気候史にまるで合わない。そもそも木の年輪から気温を推定できるのか？　年輪の幅は、気温のほか養分や日照、夏の長さ、虫害、そばに生えた樹木の

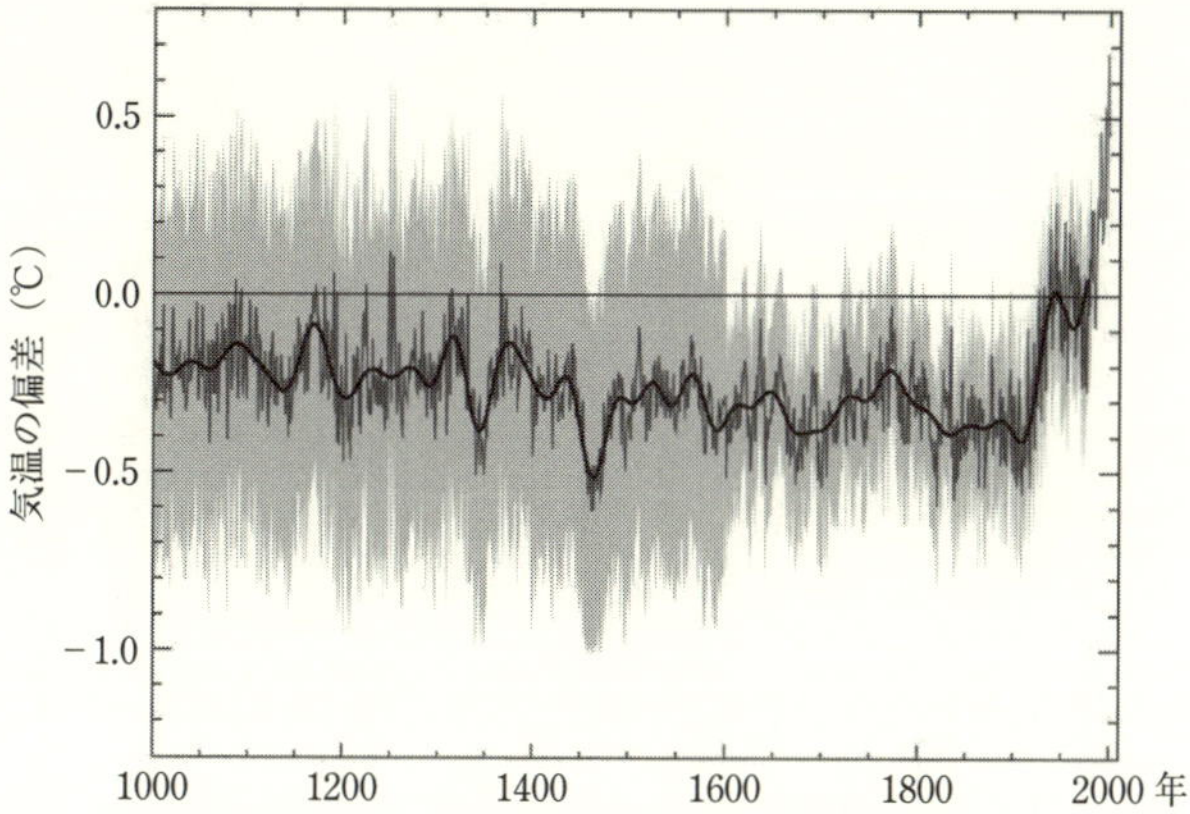

図6.6　マンの「ホッケースティック」グラフ
縦軸は1961～99年の平均値を0とみた偏差を表す。
［M. E. Mann *et al., Geophys. Res. Lett.*, **26**, 759（1999）］

成長、土壌水分でも変わるはず。気温だけを反映すると思うのは、大きな間違いだろう。そう考えたカナダの技術者マッキンタイアが、マンの抵抗を受けながらも数年かけて図6・6のミスを暴き、二〇〇三年と〇五年の学術論文にした。

中世温暖期と小氷期を消していたのは、米国に生えていたわずかな数の松の木だとわかる。しかもマンらは、年輪の幅を気温に換算するとき、気温グラフが必ずスティック形になるような計算式を使っていた。これで「元祖ホッケースティック」の命運も尽きる。

二〇〇〇～〇二年には、先ほど紹介したCRUの古気候学者も、シベリア北西部の古木を調べ、図6・6そっくりのグラフを発表していた。マッキンタイアはそれも疑う。一〇年近い抵抗を受けたすえ二〇〇九年秋に入手した元データを見ると、やはり少数（実質的には一本！）の木が「ホッケースティック2号」をつくっていたとわかる。

マッキンタイアと（彼に敵意を燃やす）古気候学者たちのやりとりが、次章で紹介するクライメートゲート事件の幕を開ける。

7章　激震—クライメートゲート事件

一九七二年六月、米国ワシントンのウォーターゲート・ビルで五人の男が逮捕される。大統領選のさなか、共和党・ニクソン大統領の再選支持派に頼まれて、同ビル内の民主党オフィスにしかけた盗聴器の動作を確かめようと不法侵入したのだ。

五人は罪を認めたけれど、ＦＢＩ（連邦捜査局）の捜査にホワイトハウスは当初シラを切り続ける。だが核心に迫る記事を「ワシントン・ポスト」紙が連載し、真相が暴かれてゆく。捜査妨害を話し合う大統領と側近の録音テープが決定的証拠になって七四年の八月、いまもってほかに例がない「現職大統領の辞任」に至った（ウォーターゲート事件）。

「ポスト」は情報源を長らく伏せていたが、ニクソン大統領の辞任から三〇年以上もたった二〇〇五年五月、九一歳になっていた本人が告白する。あろうことか、事件当時のＦＢＩ副長官が同紙の記者に内部情報を漏らしていた。

本章の出来事も同事件に通じる面があるため、発生のすぐあとWUWTというブログ（後述）に誰かが書き込んだ「クライメート（気候）ゲート」の名で呼ばれる。

事件の背景　IPCC報告書

IPCCと報告書の素顔については、二〇一一年一〇月、綿密な調査に基づく本をカナダの女性ジャーナリストが出し、海外では大きな話題になった。その紹介は8章に譲る。

IPCCの使命　一九七九年、国連の世界気象機関（WMO）が第一回の「気候変動会議」を開き、人類の未来を左右する気候変動の研究は欠かせない…と結論する。

一九八七年の第一〇回会議では、気候変動の科学面をつかみ、気候変動防止の世界的な仕組みをつくろうという結論になった。それを受けて翌八八年、WMOとUNEP（国連環境計画）がIPCC（気候変動に関する政府間パネル）を発足させる。

IPCCは自らの使命をこう述べた。

人間活動による気候変動の危険性と、影響・適応・軽減法の把握に役立つ科学・技術・社会経済情報を、包括性・客観性・公開性・透明性のもとで評価する。

この一文がすべてを語る。人為的な気候変動を頭から「危険」と決めつけ、どれほど危険なのか、どんな対策があるか調べるのがIPCCの使命だった。関係者はCO_2（など温室効果ガス）に注目していたから、温暖化やCO_2のプラス面（2章）は考えず、ひたすら「人為的CO_2＝悪」とみる組織だといえよう。

そんなIPCCは、人為的CO_2温暖化が大きな問題でないとわかった瞬間に存在意義を失う。だから組織の存続には、異説を抑え、温暖化は危険だといい続けなければいけない。そこを明るみに出したのがクライメートゲート事件だった。

報告書の編集　IPCCは五～六年ごとに報告書を出す（第一次一九九〇年。最新の第四次が二〇〇七年。第五次は二〇一三～一四年に出る予定）。温暖化の「科学知見」「影響」「対策」を扱う三巻（計三〇〇〇ページ）と「統合報告書」（約一〇〇ページ）からなる第四次報告書の執筆と編集には、一一三ヵ国の推薦者から約一四〇〇名を選んでいる。原稿は約二五〇〇名の専門家が査読したという（一部の人は執筆・編集と査読を兼ねる）。

各国の政府は報告書を「聖典」とみて、どの巻にもある「政策決定者向けの要約」を参考にしながら「温暖化対策」を考える…のだろう。

IPCCは研究組織ではなく、「審査つき学術論文」を調べて現状を評価する…というタテマエになっている（ただし実際はおおいに疑問。8章）。

一四〇〇名が同じ重みの作業をするわけではない。各巻と計四四の章は責任者がまとめる。巻の責任者は計一八名、各章の統括執筆責任者は原則二名だから、一〇〇名余り（うち日本人は、統合報告書の執筆者二名も含めて六名）が報告書のトーンを決める。

第四次報告書の中身は、約四六〇名（日本人二四名）の代表執筆者が書いた（素材は約八二〇名の執筆協力者が提供。日本人は二八名。少し重複あり）。執筆陣は「第一線の研究者」がタテマエなので（それも疑問。8章）、おびただしい学術論文から自分や仲間の論文を優先的に選び、社会通念に合わない「評価」をする集団もいた。

この人たちが、過去七年で日本国に二〇兆円を浪費させたといってよい（まえがき参照）。

気温データの出所　CO_2脅威論は、「二〇世紀中期からの異常な気温上昇」を第一の柱にする（第二の柱が「温暖化は危険」）。二本の柱は、名家の家訓、企業の社是、宗教の教義と似た「譲れない一線」だ。本書では以下、「教義」を使うことにする。

世界の気温データは、おもに次の三機関が発表してきた。

① 米国商務省NOAA（海洋大気圏局）のNCDC（気候データセンター）
② 米国NASA（航空宇宙局）のGISS（ゴダード宇宙科学センター）
③ イギリスUEA（イーストアングリア大学）のCRU（気候研究所）

ただし気温データはそれぞれ独立ではない。通常、NCDCの整えた基本データをGISSとCRUが受けとり、必要な追加や加工をしてから公表するという。どんな「加工」をしたのかは当事者しか知らない。

事件のあらまし

事件にからむ人物も組織も多いので（所属組織は右記のNOAA・NASA・UEAが主体）、こまかいことは参考文献に譲り、ごく少数の人物・組織だけに焦点を当てよう。

前奏曲　CRUのジョーンズ所長は一九九〇年の「ネイチャー」誌に、「都市化の昇温効果は一〇〇年で〇・〇五℃」とする論文を出した（3章に述べたとおり東京の昇温はその六〇倍だから、にわかに納得できる数字ではない）。またCRUの副所長ブリッファはマン（6章）と同様、木の年輪から古気温を推定する論文を二〇〇〇年から発表している。

カナダのマッキンタイア（前章の末尾参照）は統計のプロとして、ジョーンズ論文とブリッファ論文の両方に疑いをもつ。結論の真偽を自分で確かめようと、二〇〇二年ごろから二人にそれぞれ論文の元データを請求した（科学界なら当然のこと）。

しかし二人は、何年もあとにデータの一部は開示したものの、全面的な開示はしない。とりわけ、ジョーンズが（「ネイチャー」論文以外にも）使った世界気温データの開示をCRU当局は拒み続け、二〇〇九年一一月一三日、開示請求却下の通知をマッキンタイアに郵送する（マッキンタイアは通知書を一一月一八日に受領）。

二〇〇七年ごろから、イギリスの情報公開法（二〇〇五年春に施行）を使い、国外からCRUに情報を請求した人がかなりいる。二〇〇九年秋のCRUは、情報の開示請求あれこれへの対応に追われていた。

文書の流出　二〇〇九年一一月一七日、メール一〇七三通を含む大きな文書ファイルを、誰かが米国の複数ブログサイトに載せる。うちワッツ氏の運営するWUWTに載ったファイルが、ネット経由で一九日から世界に流れた（WUWTは二〇一一年度のベストサイエンスブログ賞を受賞。開設から五年と少しの二〇一二年一月初め、閲覧数が一億回を超した）。

メールのおもな交信者は、CRUの六名を入れて二七名にのぼる。うち一九名までがIPCC報告書・第一巻（科学知見）の執筆や編集に深くかかわり、とりわけ第一巻六章「古気候学」の関係者が多かった。

メールの日付は一九九六年三月～二〇〇九年一一月一二日（CRUがマッキンタイアの情報請求却下を決める前日）の一三年半に及ぶため、IPCC第三次（二〇〇一年）・第四次報告書（二〇〇七年）の制作にからむ交信が主体となる。

流出ファイルにはこんな前口上がついていた（流出実行者はまだ特定されていない）。

気候科学が大問題となったいま、もはや隠してはおけない。…メール交信文と演算コード（気温を計算するプログラム）、文書の一部を公開する。気候科学の実態と、背後にいる人物の素顔を見抜く一助となろう。

以下で交信メールの一部を素材に、浮上する疑惑いくつかを紹介しよう（都合上、内容が変わらない範囲で文言を少しいじった）。

疑惑① 「教義」の死守

古気温の細工　一九九九年一一月一六日にジョーンズは、マンほかに宛ててこう書いた。

マンが「ネイチャー」論文でやったトリックを使い、気温低下を隠す作業を完了。ブリッファのグラフを一九六〇年で切り、そのあとに温度計データをつないだんだ。

ブリッファが木の年輪から推定した気温は、一九六一年以降かなりの低下を見せていた。そのまま温度計データにつなげば、昔の推定気温が高くなり、先ほどの「教義」に合わない。だから小細工をした…という裏事情を、後日マッキンタイアが暴ききっている。

ルール違反　第四次報告書の編集が進む二〇〇五年、マッキンタイアが二つ目の「スティック破壊」論文を有力誌に出す。報告書の素材候補だが、それが最新知見になってしまえば「教義」に大きな傷がつく。そこで、NCDCの研究者が某誌に投稿した「次のスティック論文」の審査をパスさせようと、編集長（IPCCの幹部）を巻きこんだ工作が始まる。

報告書の締切が過ぎた二〇〇六年の二月一〇日、六章「古気候学」の統括執筆責任者が、論文の著者にこんなメールを出している。

月末までに「印刷中」とできるかどうか、編集長に訊いてくれ。彼は妙手を知っているはずだが、ルール違反だということも知っている。いい手があれば、僕とヤンセン（第一巻の全体責任者）、ブリッファに知らせてくれ。…助けてほしい。

論文はなんとか通せて第四次報告書に載ったものの、雑誌掲載が二〇〇七年の夏（報告書の出版後！）にずれこみ、報告書の文献リスト中では、それだけが「印刷中」と書いてある。IPCCのルールでは許されない「締切のゴールポストずらし」だった。

たまたま第一巻六章の査読委員だったマッキンタイアは、こうした経緯を知る立場にあり、自身のブログで一部始終を報告している。

疑惑② 情報隠し

ＣＲＵの気温データを疑ったのは、マッキンタイア以外にもいる。その一人、オーストラリアの研究者がデータを請求した際、ジョーンズはこう返信した（二〇〇五年二月二一日）。

ＷＭＯ（世界気象機関）が同意しようとも、君にデータは渡さない。われわれは二五年もこの研究に投資してきた。アラ探し目的の人間にデータを渡すつもりはない。

ジョーンズは、自分のデータにアラ（欠陥）があるとわかっていたのだろう。事実、メール以外の流出文書に、それを匂わすくだりが見える。

二〇〇七年にＩＰＣＣ報告書が出たあと、編集作業に疑いをもつマッキンタイアは、原稿査読にからむ交信メールの開示をＩＰＣＣに請求する。彼の動きを知ったとおぼしいジョーンズが二〇〇八年の五月二九日、仲間に宛ててこんなメールを出した。

ＩＰＣＣ報告書関連でブリッファと交わしたメールはみな消去してくれ。ブリッファはそうする。

やましいことがいろいろ書いてあったのかもしれない。

疑惑③　異説の排除

ジョーンズと同様、CO_2脅威論に人生（と巨額な研究費）をかけた人々は、教義に白い目を向ける「懐疑派」を嫌う。ＩＰＣＣ報告書を仕切る人も同じだろう。報告書は本来、「審査つき論文を取捨選択して書くまとめ」だから、懐疑派の学術論文が多くなっては困る。

とくに古気候学はせまい分野なので、投稿側も審査側も身内になりやすい。それでも懐疑派の論文が審査を通り、雑誌に載ってしまうことはある。二〇〇三年、ＣＲ（クライメート・リサーチ）という雑誌が懐疑派の論文を通したとき、マンとジョーンズがメールでこんなやりとりをした（三月一一日）。

マン―ＣＲをまともな審査つき論文誌とみるのはやめたほうがよさそうだ。仲間にも声をかけ、ＣＲへの投稿も、ＣＲ論文の引用もやめるようにしよう。いま編集委員をしている仲間にどう指示するかも考えるべきだな。
ジョーンズ—おたくの雑誌とは縁を切る——という趣旨のメールをCR編集部に出そう。

なお、懐疑派の学術誌論文はほとんどないと思っている人もいるようだが、二〇一一年秋の時点で九〇〇編を超すことをいっておきたい。

それよりなにより、懐疑派を批判・排斥するのは科学者の姿勢ではない。自然科学なら、どれほど小さな研究も、定説に向けた懐疑が出発点になるからだ。

懐疑派を「異端」として排除するのは、宗教の世界だけだろう。

IPCCに集う数千人の「教義」が正しいとはかぎらない。史上、科学を前に進めたのは少数の懐疑派だった。プトレマイオス以後一五〇〇年間も「真理」だった天動説をくつがえしたガリレオやコペルニクスはあまりにも名高い。ウェゲナー（大陸移動説）やアインシュタイン（光の粒子説）、ワトソン&クリック（DNA分子構造）の業績も、定説を疑うところから生まれた。

それを忘れた方々が、どうやら日本にもいる。クライメートゲート事件を一ヶ月後に控えた二〇〇九年一〇月、IPCC関係者を主体とする集団（「懐疑派バスターズ」）。所属は気象研究所、国立環境研究所、海洋研究開発機構ほか）が、数百万円の国費を使い、懐疑派つぶし用の冊子を発行した。半年でガラリと変わる温暖化論につき、何年も前の書き物をやり玉にあげた批判は、常人の理解を超える暴挙といわざるをえない。

事件の余波

クライメートゲート事件に話を戻す。日本の報道はおざなりだったけれど、海外（ことに関係者の多い米国とイギリス）の報道はすさまじかった。それが起こしたと思える変化のうち、一部だけを眺めたい。

まず、事件を知ってIPCC第四次報告書を見直した人々が、欠陥やミスを次々に発見する。報告書の「編集体制」にからむ欠陥は8章に回し、ここでは内容のミスを主体にしよう（8章に紹介する雑な作業が、以下のミスあれこれを生んだといえる）。

「ゲート」群　報告書の第二巻（影響）「アジア」の章に、「ヒマラヤの氷河は二〇三五年に消失」とある。だがそれは、根拠のあやしい推定値「二三五〇年」の誤記と判明（なお同章には、統括執筆責任者一名、代表執筆者一名、執筆協力者三名、査読編集者一名、つごう六名の日本人が名を連ねる）。一件には「ヒマラヤゲート」の名がついた。

同様なミスはほかにいくつも見つかった。一部だけ次に列挙しよう（①はアマゾンゲート、②はアフリカゲート…と呼ばれる）。

①温暖化で降水量が減るとアマゾンの熱帯雨林は四〇％が被害を受ける。
②雨水に頼るアフリカ諸国は、温暖化が進めば二〇二〇年までに農業生産が半減する。
③温暖化のせいでオランダは国土面積のうち海面下の部分が五五％にも増えた。
④温暖化で地球全体のハリケーンが増えている（5章に述べたウソ）。

気温データの改ざん　報告書中にかぎらず、教義（CO_2脅威論）に合うよう気温データを右上がりに修正したとおぼしいグラフが、事件後にいくつも見つかっている。

報告書では、世界二二地域の気温推移を示すグラフ中、北オーストラリアのグラフが現実に合わないと二〇〇九年一二月初めに判明。北欧のグラフも合わない事実は、もう二〇〇八年九月にスウェーデンの研究者がジョーンズほかに問い合わせたが、のらりくらりと逃げられている（その交信メールが残る）。

事件と直接のリンクはないが、私が出くわした例をひとつだけ紹介しよう。テキサス州にオルバニーという人口一七〇〇の田舎町がある。二〇〇六年のいつか、同町の気温をGISSのサイトで眺めたら、図7・1の姿だった。一〇〇年間に一℃ほど下がり続けたとしか見えない。当時の米国にはそんな田舎町が多かったと記憶する。

ちなみにGISSのデータは、IPCCが看板グラフ（図3・1）の素材に使う。

ところが最近、以後の推移を知りたくて同町のグラフを見直したら、図7・2のように変わって

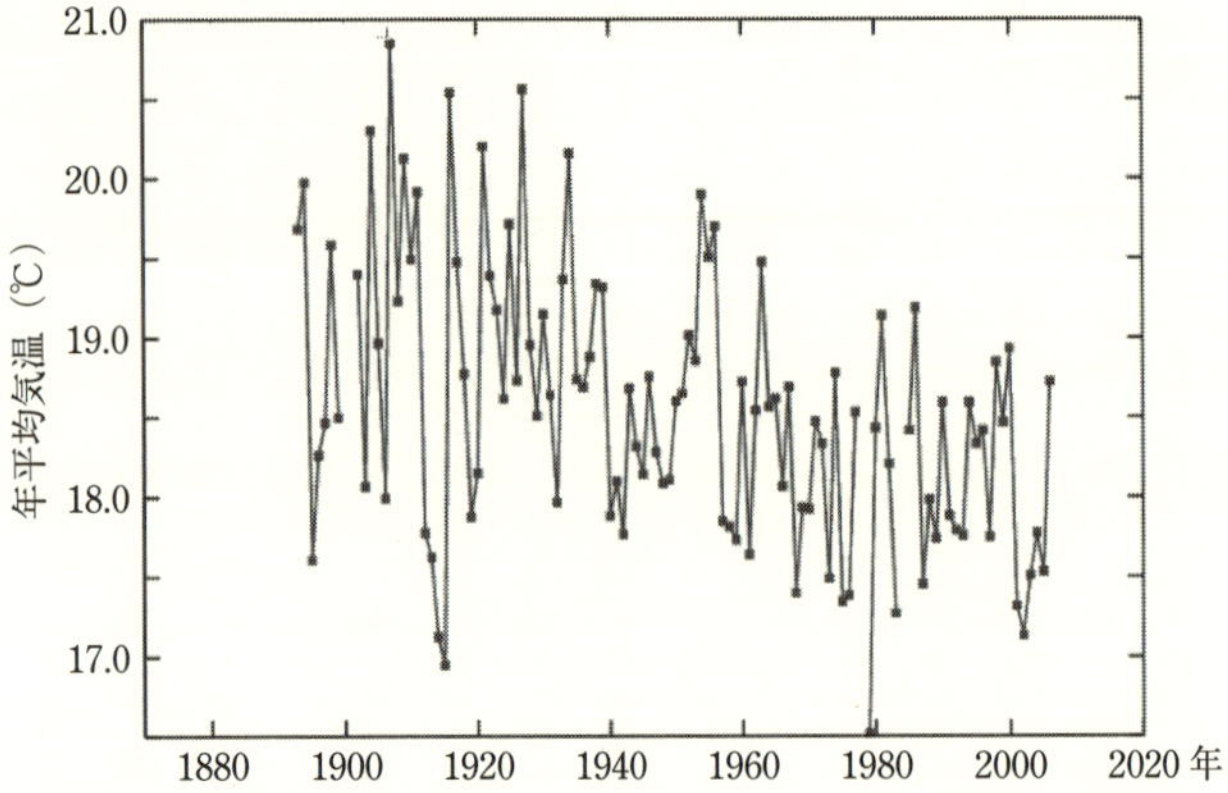

図 7.1　テキサス州 Albany の気温トレンド：1892〜2005 年
［NASA/GISS のサイトから 2006 年にダウンロード］

いた。一〇〇年間のトレンドは消え、「過去三〇年の約一℃上昇」が目を奪う。じっくり見ると、過去の気温を大きく下げる向きの「加工」がしてある。全体的な気温低下を目立たなくし、右上がりにする「加工」は、いまなお続々と露見中だ。

ＧＩＳＳのサイトにある米国四八州の気温グラフも、二〇〇〇年前後のいつか、一九三〇年代が高くて（4章の図4・3）長期傾向がほとんど見えない姿から、「右上がり」を実感させる姿に変わっている。

そんな「加工」の理由を、ＧＩＳＳはどこにも明記していない。私の探しかたが悪いのかもしれないが、そもそも気温を補正するなら、向きは逆だろう。過去一〇〇年、都市も田舎もエネルギー消費が増え、「上がった結果」としていまの気温があるわけなので、「最近の実測気温を下げる」向きに補正するのが筋になる。

つまりクライメートゲート事件は、「気温データは

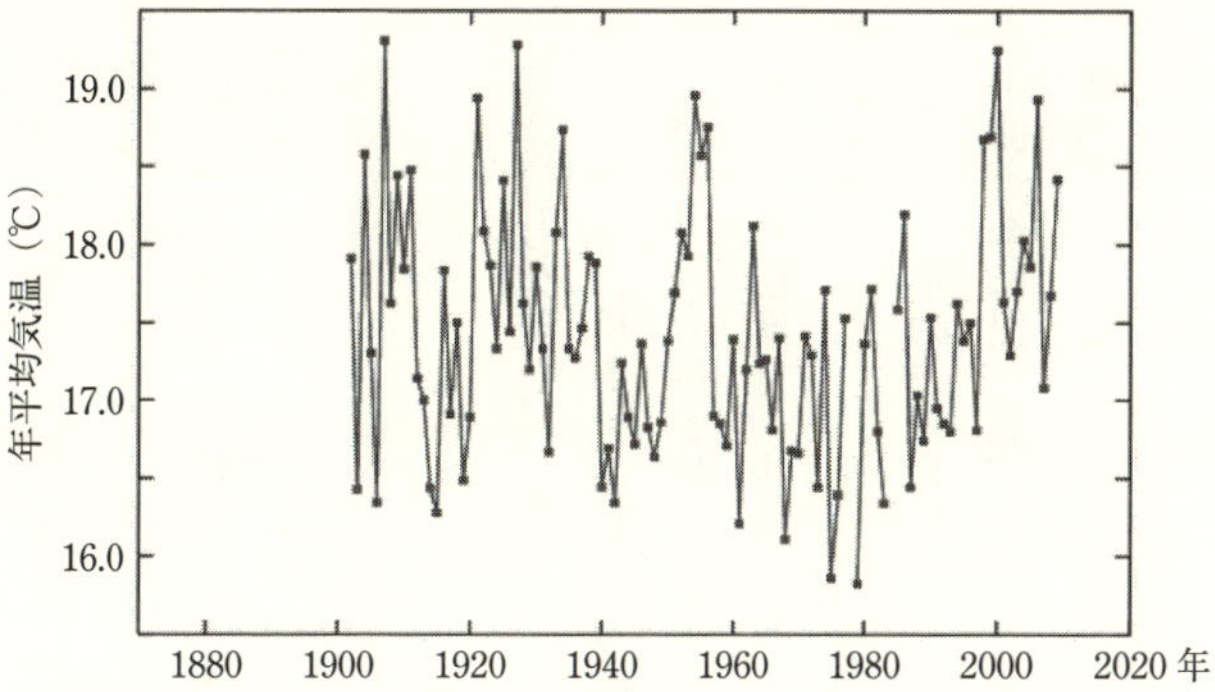

図 7.2　テキサス州 Albany の気温トレンド：1901〜2010 年
［NASA/GISS のサイトから 2011 年にダウンロード］

闇の中」という現実も明るみに出した。

世論の変化　おそらくは事件のせいで、各国民の意識も変わりつつある（日本はあまり変わらないようだが）。ドイツでは、「温暖化は不安」と思う人の割合が、二〇〇六年の六二％から二〇一〇年三月の四二％まで落ちた（「シュピーゲル」誌三月二七日号）。また米国では、「温暖化の原因は人間活動」と思う人の割合が、二〇〇六年の五〇％から二〇一〇年一〇月の三四％へと落ちている（ピュー調査センター、一〇月一七日発表）。

二〇一一年八月に米国のラスムッセン社が発表した世論調査によれば、「気候科学者は教義に合うようデータをいじってきた」と思う人が七〇％近くもいたという。また、「地球温暖化について科学界は含意ずみ」と思う人は二五％しかおらず、「科学者の見解はバラバラ」と思う人が五七％にのぼった。

翌九月の「ニューヨーク・タイムズ」による世論調査だ

と、現在いちばん緊急の問題を「環境」と答えた人は一％に満たず、「気候変動は自然現象」とみる人が三三％、「危険な温暖化は起きていない」とみる人が一二％いた。

同じ二〇一一年九月、一九七三年のノーベル物理学賞を江崎玲於奈博士と共同受賞したジェーバー博士が、CO_2脅威論に染まる米国物理学会の姿勢を嫌って同会を退会（フェロー職を辞退）したのも、余波の一つではないかと私はみている。

8章で紹介する本は、そうした意識変化をさらに加速させるだろう。

「温暖化法案」類の崩壊　因果関係は不明ながら、オーストラリア下院は事件直後の二〇〇九年一一月末に炭素税法案を否決した。またフランスの憲法評議会は二〇〇九年一二月、翌年一月一日に発効予定の炭素税法案を否決している（ただし、世論調査では六〇％近くが反対だったオーストラリアの法案は、少数与党・労働党のギラード首相が二〇一一年七月に下院、一一月には上院も通過させ、二〇一二年七月に発効の予定）。

二〇一〇年の一一月中旬にはカナダ上院が温暖化関連法案を否決した。米国では、二〇一〇年秋の中間選挙に民主党が大敗して温暖化関連法案の立法化は泡と消え、下院の地球温暖化特設委員会も解散している。

「低炭素」への反発　二〇〇九年に米国の環境保護庁（ＥＰＡ）は、「CO_2＝大気汚染物質」

という見解を出していた。それを疑うユタ州の下院は二〇一〇年二月、見解の撤回をEPAに要求する決議を採択(上院は二月二六日に可決)。決議の条文に次のくだりがある。

- 各国の気候研究者が交わした「クライメートゲート」の名で知られる流出メールは、気温データの操作と「トリック」で地球温暖化を演出した組織的・継続的な営みを語る。
- 連邦政府が年に五五〇〇億円も予算をつける「おいしい話」が気候変動研究の目的と結果を狂わせ、研究機関や大学人の「科学的合意」につながったのだろう。

オバマ上院議員(当時)とゴアが設立(二〇〇〇年)にからみ、南北米大陸唯一の排出量取引機関として二〇〇四年に営業を始めたシカゴ炭素取引所というものがある。しかしCO_2の価格が二〇一〇年の初めに一トン五セントまで落ち、以後は一年近くも実質取引ゼロが続いたあげく、二〇一〇年の暮れに閉鎖された。

二〇一一年に入っても劣化は止まらない。ニュージーランドでは五月〜一一月末にCO_2の取引価格が半減した。ヨーロッパの価格も六月中旬から一二月中旬までの半年間に六〇%以上も下がり、開業以来の最安値をつけた。過去六年間でEUは(日本の「温暖化対策」とほぼ同じ)二二兆円を炭素取引に使いながら削減成果はゼロだったため、二〇一二年には取引そのものが崩壊しかねない――と一一月二二日、スイス・ユニオン銀行がレポートに書いている。

あやしい「調査」

事件に話を戻す。イギリスでは二〇一〇年にCRUの調査が三つ行われた。まず、研究者の「ふるまい」を調べた議会下院の委員会は、三月三一日付の報告書に「研究内容に大きな問題はない」と書く。だが調査委員五名のうち三名までが（温暖化対策を進めたい）政権寄りの議員だったため、ほぼ予想どおりの結果だといえる。

次に、インペリアルカレッジ元学長の地質学者オクスバーグ卿を主査として「研究内容」を調べた外部専門家委員会は、四月一四日にわずか五ページの報告書を出す。データ処理の不備などを指摘したものの、たった三週間のずさんな調査は英米メディアに批判されている。

どちらの調査でも、マッキンタイアなど批判者の意見は聴取していない。原告も検察側も入廷しない裁判と同じだから、結論を信じろというほうが無理だろう。

もう一つ、グラスゴー大学の元学長ラッセル卿を主査とする調査委員会が、二〇一〇年七月七日に報告書を提出。情報公開法に従う開示請求を拒んだCRU研究者の姿勢を非難し、流出メールが語る研究者の行いはプロにあるまじきものだと批判しながらも、研究者は責任を誠実に果たしたとまとめている。

しかし二〇一〇年九月一四日、政治的に中立なシンクタンクGWPF（会長は元閣僚のローソン卿）が事件について独自の調査報告を出し、調査は三つとも人選がひどく、とうてい公平・中立な調査ではないと断じた（たとえばオクスバーグ卿は、CO_2脅威論に乗って稼ぐ風力発電業界の役員）。むろん、「原告側」の意見聴取がなかったことも批判している。

IPCCの業務評価　本章の内容からおわかりのようにクライメートゲート事件は、IPCCの信用を大きく落とした。とりわけ、報告書の客観性・公開性・透明性（一二二ページ）を強く疑わせるものだったといえる。

それを自覚した（と思いたい）国連とIPCCが二〇一〇年の初め、各国の科学界を結集する国際組織インターアカデミー・カウンシル（IAC）に、IPCCの業務評価を依頼する。二〇一〇年三月一〇日に発足した評価パネルは、ブッシュ（父）・クリントン両政権で大統領顧問を務めた経済学者シャピロを座長とし、各国の選んだ一二名（日本人はアメリカ在住の真鍋氏）を委員とするものだった（ある大御所が私にも声をかけてくださったが、重責を果たす自信はないのでお断りした）。

八月三〇日付の報告書でIACは、IPCCの業務に「致命的な欠陥」はないとしながらも、編集作業チェック用の部署を設けたうえ、幹部の任期を報告書一回だけにかぎるよう勧告した。ほかの不明朗な部分あれこれについても、改善を強く勧告している。

いまのところ、IPCCがIAC勧告にきちんと対応した形跡はない。次章で紹介する本が、I

ＰＣＣ報告書にひそむ闇の部分を隅々まで照らし出す。

クライメートゲート第二弾──二〇一一年秋

ＣＯＰ17（9章参照）を一週間後に控えた二〇一一年一一月二二日、おそらく二年前と同じ人物がメールおよそ五三五〇通（二〇〇九年の五倍）を複数ブログサイトに載せ、「クライメートゲート2・0」の名がついた。二〇一一年末現在、和文の記事は二日後の短いロイター電一件しか見ていないが、英米のメディア報道は一〇〇件に近い。

今回も添えられた前口上には、「日に一万六〇〇〇人の子どもが飢餓などで命を落とす。一人の命は一〇〇円で救える。（だが）諸国は二〇三〇年までに三〇〇兆円もCO_2対策に使うつもりだ」とある。流出させた人物は、実効ゼロの「温暖化対策」を裏で支える研究者集団に、心から嫌気がさしているのだろう。

メール交信の時期も交信者の顔ぶれも前回とほぼ重なるため、二〇〇九年の秋には、入手情報の一部だけを放出したとおぼしい。前口上の末尾近くに、「手元にまだ約二二万通のメールを保有。ただしパスワードは公開しない」と書いている。

流出メール二回分の検索用サイトもできた。主役のＩＰＣＣ幹部連と並び、日本の関係者一〇名以上の名前も送信欄やＣＣ欄、本文中に見つかる。

前口上に続き、「IPCCの報告書作成作業」「中世温暖期」「古気温の再現」「科学と宗教」など九テーマに分けた「見本メール」計八五通が載せてあった。本体は膨大な量だからまだ全貌はわかっていないが、さしあたり目を引く二点だけ紹介しておきたい。

研究者の困惑と教義死守

未完成の気候モデルに頼るしかない研究者たちが、「世界に莫大な出費を強いる話の根元が、こんなひどいデータでいいのか?」と不安がっている。ホッケースティック論文（図6・6）の共著者が、「年輪を使うマンのデータはおかしい。中世温暖期はずっと暖かかったのでは?」と内心を打ち明けるメールもあった。「気温変化が自然変動の範囲だとわかったら、僕らは殺されるぞ」という研究者のメールもある。

そうかと思えば、まとめ役の大物が「俺たちは追い越し車線にいる。とにかく話の辻褄を合わせ、前に進めばいい」と書いた。「何があろうと大義名分は守るのだ」という趣旨のメールも何通か見つかっている。

論文の審査に介入し、編集長に揺さぶりをかけるマフィアまがいの行動も、交信メールからありありと浮かび上がる。

部外者との交信

政府関係者や環境圧力団体、主力メディア、多国籍企業、世界銀行など、「温暖化物語」が本物でないと困る組織が、「あいまいな箇所は伏せ、単純明快なメッセージを出してほしい」と研究者に要求したメールが散見される（二〇〇九年の流出メールに、研究者と部外者の交信は少なかった）。

たとえば、懐疑派のメディア露出を嫌うUEAが経費をもち、BBC（イギリス放送協会。日本のNHKにほぼ相当）の職員を「教育」するセミナーの相談メールがある。BBCの有力記者がCRUに番組づくりの指南を仰ぐメールもあった。また、世界銀行の重役ワトソン氏（前IPCC議長。二〇一〇年に旭硝子財団のブループラネット賞をハンセンと共同受賞。六三ページ参照）が、パチャウリ議長や報告書の幹部、IPCC副議長の谷口氏らに宛て、第四次報告書の「あるべき姿」を指南していた。世界銀行は、途上国の森林などを買い、炭素取引で収益をあげたかったようだ。名高い環境圧力団体WWF（8章）と研究者の「協議」を匂わすメールも見つかっている。

二〇〇九年の事件では、「文脈（前後関係）を無視し、話の一部だけつまみ上げたにすぎない」と突っぱねる当事者もいた。だが今回は「文脈を埋める」メールもたっぷりとある。いよいよ追い詰められ、「転向」を考える研究者も出るのではないか？

二〇〇九年の事件をいち早く報じたイギリス「テレグラフ」紙の記者が、今回の流出を論じる記事に、「温暖化脅威論は現実に目をそむけた自殺行為だ」と書いた。さすがに震源地のイギリスでは「クライメートゲート2・0」をきっかけとして、国民の間でもCO_2脅威論への疑念が高まっているように思える。

流出メールの全体を読み解き、「余波」の実態も含めたわかりやすい本や解説を誰かが書くのは、二〇一二年以降のことだろう。いずれにせよ私自身、やりたい放題だった科学者たちも彼らの作品（IPCC報告書）も、信用する気にはとうていなれない。

8章 「ＩＰＣＣは解体せよ」

3章の図3・2を送ってくれたＭＩＴ（マサチューセッツ工科大学）のリンゼン教授が二〇一一年の一月、あるブログにこんな文章を寄せている。

気温は自然に変わるのに、文明の先端を行く国々の民が、わずか〇・五℃の変化におびえていた…と知って子孫は、びっくり仰天するだろう。やがて子孫も事情をつかむ。科学リテラシーのない庶民が、繰り返しいわれたことを真に受けていた。そして政治家や学者、環境活動家、メディア人が、国民のそんな弱みにつけこんだ。

ただしリンゼンは、政治家・学者・活動家・メディア関係者に科学リテラシーがあるといったわけではなく（自戒をこめていえば、学者もたいていは専門バカだ）、それぞれの権力を行使できる集団とみている。

二〇一一年一〇月にカナダで出た本『The Delinquent Teenager Who was Mistaken for the World's Top Climate Expert』（世界トップの気候科学者を装う不良少年）が、「弱みにつけこむ人たち」の支えだったＩＰＣＣの素顔を暴く。副題にIPCC Exposé（ＩＰＣＣの正体）とある。

著者ラフランボワーズはカナダの女性ジャーナリストで、二〇〇九年の初めごろ温暖化をめぐる一方的な発言や報道が気にかかり（それまでは温暖化をなんとなく肯定）、二年以上かけてじっくり調べた。その成果を、一般向けのやさしい文章で計三六の短い章にまとめている。

同書の書き出しを引用しよう。「甘やかされて育った子」がＩＰＣＣを表す。


甘やかされて育った子の話をしたい。その子はいつも注目を集め、おべっかをつかわれ、ほめられ続けてきた。どんどん増長していくその子を、きちんと叱る大人も、こうしたほうがいいよと教える大人もいなかった。


なお本章のタイトルには、同書・最終章のタイトルをお借りした。

同書の内容は断片的に知っていたが、詳しい情報源つきの本となれば迫力が大きい。まず出たキンドル版とオンラインＰＤＦ版は、クリックで情報源をたどれるようにしてある。一読のうえＩＰＣＣをまだ信用できる人は、かなり少ないのではないか？

全部を紹介する紙幅はないため、要点だけを眺めたい。

IPCCの世評とパチャウリ語録

政治家や主力メディア、学界の大物などが口や筆にしてきたIPCC評をラフランボワーズはいくつも集め、発言者と日時をたどれる形で自身のブログに載せている。そのごく一部を左に転載しよう。まさに称賛の嵐だといえる（IPCCを称える人は日本にも多い。そういう人から公衆の面前で罵倒された経験がある）。

- あらゆる分野を眺めても、権威の大きさでIPCCに並ぶ組織は存在しない。
- 科学データに基づき、温暖化のリスクを中立かつ客観的に評価する組織。
- IPCC報告書は、人類史の中で光り輝く科学評価の金字塔。
- 報告書は、数千人の科学者が合意した温暖化科学の現状をつぶさに伝える。

IPCCの議長は、第四次報告書の作成準備が始まった二〇〇二年四月から、インド国籍の経済学者パチャウリ氏が務める。同氏は折り折りに次のことを公言してきた。

・報告書の執筆と編集には、業績でも論文数でも世界トップの研究者を選んだ。
・審査つき学術論文だけを精査のうえ評価する。そうでない資料はゴミ箱に行く。
・報告書の制作では、締切などのルールを厳しく守る。
・IPCCは完璧な透明性を誇り、作業のあらゆる段階を公開する。
・分別ある人間なら、報告書の結論を必ずや受け入れるはず。

著者ラフランボワーズは左記の三つを手がかりに、こうした世評やパチャウリ発言の真偽に挑む（CO_2脅威論の真偽は問題にしていない）。

① 統括執筆責任者・代表執筆者・執筆協力者・査読編集者（約一四〇〇名）の素性調べ。
② 報告書に使われた文献類（一万八五三一点）の素性調べ。
③ クライメートゲート事件のあとIAC（7章）が実施したIPCC関係者向けアンケート調査（六七八ページ文書）の分析。

その結果、世評もパチャウリ発言も現実にまったく合わず、IPCCは「わがままな不良少年」のようなものだとわかった。

第2巻3章 「淡水資源とその管理」

統括執筆責任者：Zbigniew W. Kundzewicz (Poland), Luis José Mata (Venezuela)

代表執筆者：Nigel Arnell (UK), Petra Döll (Germany), Pavel Kabat (The Netherlands), Blanca Jiménez (Mexico), Kathleen Miller (USA), Taikan Oki (Japan), Zekai Sen (Turkey), Igor Shiklomanov (Russia)

執筆協力者：Jun Asanuma (Japan), Richard Betts (UK), Stewart Cohen (Canada), Christopher Milly (USA), Mark Nearing (USA), Christel Prudhomme (UK), Roger Pulwarty (Trinidad and Tobago), Roland Schulze (South Africa), Renoj Thayyen (India), Nick van de Giesen (The Netherlands), Henk van Schaik (The Netherlands), Tom Wilbanks (USA), Robert Wilby (UK)

査読編集者：Alfred Becker (Germany), James Bruce (Canada)

図8.1 IPCC第四次報告書：章の執筆・編集陣（例）
通常，統括執筆責任者・代表執筆者・査読編集者を「おもな担当者」とみる。［IPCCのホームページより転載］

聖典をつづる学生

ＩＰＣＣ報告書の構成（７章）を復習しよう。二〇〇七年の第四次報告書は、『科学知見』『影響』『対策』の三巻（計四四章、三〇〇〇ページ）と、約一〇〇ページの『統合報告書』からなる。

例として、やや小ぶりな章（刷上り三八ページ）の制作陣を図８・１に示す。二名の統括執筆責任者が章の全体を仕切り、八名の代表執筆者が本文を書き、一二名の執筆協力者が素材を提供し、二名の査読編集者が原稿への査読意見を集約した…らしい。

報告書の巻末には、制作陣の国籍と所属がまとめてある。ただし経歴も業績も書いてないため、「世界トップの研究者」かどうかはわからない。調べてみると二十代の大学院生が何人も、いままで報告書づくりを任されていた。

いまオランダで地理学の教授をしているクライン氏は、修士を終えた二年後の一九九四年、二五歳で代表執筆者に選ばれた。二八歳のときは章の統括執筆責任者になったが、それでも学位取得（二〇〇三年）の六年前だ。医学部の一年生に脳の大手術を任せるようなものか。なお第四次報告書（二〇〇七年）で同氏は、第二巻の執筆協力者に残っている。

研究業績などおかまいなしの人選は、同氏が一九九二年からグリーンピースのメンバーだったことと無縁ではなかろう（次節の話題）。

別の例も眺めよう。イギリスの女性研究者コヴァッツは、学位取得（二〇一〇年）の一六年も前、最初の学術誌論文を出す三年前の一九九四年、「健康影響」の章で執筆協力者になった。第四次報告書でも、学位がないまま代表執筆者を務めている。

また、二〇〇九年に学位をとるイギリスのアレキサンダーという女性研究者は、第三次（二〇〇一年）の執筆協力者、第四次の代表執筆者を務めた。第三次の人選は一九九九年だから、学位取得の一〇年も前に彼女は「世界トップの研究者」だったことになる。

ＩＰＣＣは、各国の（学界ではなく）政府から候補者の推薦を受けたあと、内部選考で絞るという。しかし、推薦された人の名も、選考基準も公開しない。つまり、パチャウリ氏が胸を張ってきた「透明性」は、少なくとも人選には当てはまらない。

国連の組織らしく、多様性・男女比・地域性（人口比率ではない）を考えた人選のようだ（日本の役所も、委員会や審議会はそんな姿にする）。事実、ＩＰＣＣ関係者を対象としたＩＡＣのアンケート回答（前記の③）に、次のような意見が見える。

- 政治的判断だろうけど、業績もない途上国の人間が多い。
- 執筆者の半数くらいは「地域枠」なのだろう。
- 代表執筆者のほぼ半分は無能に近い。
- 代表執筆者こそ重要なのに、人選が不透明きわまりない。
- 何度か執筆協力者や代表執筆者を務めたが、なぜ自分が選ばれたのかわからない。

二十代の大学院生を何人も選んできたのは、どんな「判断」だったのか？

なお、第一巻三章の査読編集者欄に名前が載っているアフリカ・ガンビア共和国のジャロウという人物は、会議への出席も実務もいっさいしなかったという。その事実をラフランボワーズ自身が二〇一一年一一月に突き止めている。

浸透する環境団体

ＩＰＣＣは気候変動の科学を公正・中立に評価する…のだという。

かたや環境団体は、「温暖化は危険だ」「すぐ行動しよう」と世間を煽る。恐怖感が世に広まるほど寄付が増え、活動もしやすくなるのだろう。毎年の暮れ近く、リゾート地で開かれる気候変動枠組み条約の締約国会議（ＣＯＰ）にも数千名の活動家が群れ集い（二〇一一年のＣＯＰ17には、約六〇〇〇名が参加）、いろいろな圧力をかけるのはご存じのとおり。

だが常識に従えば、科学と環境活動は水と油だ。環境団体の路線に染まったＩＰＣＣ報告書など、公正・中立な文書とはいえない。活動家を報告書づくりに当たらせるのは、裁判の進行中に判事と検察の幹部が（あるいは、原発事故のあと原子力安全・保安院と電力業界の幹部が）夜な夜な宴会を楽しむようなものだといえる。

大小さまざまな環境活動（圧力）団体のうち、グリーンピースとＷＷＦ（世界自然保護基金）が、規模も知名度も群を抜く。ラフランボワーズが調べたところ、両団体の名簿に名を連ねる研究者が何人も、報告書の制作陣に入っていた。前節で見たグリーンピースの活動家クライン氏のほかにも次のような例がある。

一九九二年からグリーンピースの広報を担当し、二〇〇七年に「気候問題交渉部長」となった研究者ビル・ヘア氏は、グリーンピース自身が「伝説の人物」と称える筋金入りの活動家だ。そんな人物をIPCCは、第四次報告書（二〇〇七年）の代表執筆者にしたばかりか、いちばん重い『統合報告書』を書く四〇名の一人にも選んでいる（統合報告書の仕切り役はパチャウリ氏）。制作陣に入ったグリーンピースの関係者はほかにも多い。

WWFはもっとすごい。第四次報告書の制作には、WWF「地球温暖化の目撃者」プロジェクト顧問が七八名もかかわり、うち二三名は（章を仕切る）統括執筆責任者だった。またWWFの重鎮といわれるアルゼンチンのカンジアニ氏は、第三次と第四次の報告書で第二巻全体の責任者（二名の一人）を務めている。

ちなみに、毎日新聞の科学環境部は二〇一一年五月から月一回、WWF「地球温暖化の目撃者」プロジェクトを連載中。一一月初旬には国際シンポジウムを開き、下旬に見開き二ページで大きな記事にした。パネルの登壇者は、ゴア『不都合な真実』の訳者などCO_2脅威論を生計のタネにする人だけだから、何かの布教集会としか思えない。紙面には、いまや巨大な疑問符がつくIPCC報告書から「世界六地域のホッケースティック気温グラフ」を転載し、IPCCを立派な組織として紹介したコラムもあった。新聞が環境圧力団体の宣伝媒体になってはいけないだろう。

本筋に戻ろう。第四次報告書に限ってWWF関係者の浸透ぶりをまとめると、次のようになる。まさに圧巻といわざるをえない。

- 全四四章のうち二八章（ほぼ三分の二）に、一名以上のＷＷＦ関係者がいた。
- 第二巻の二〇章すべてに、一名以上のＷＷＦ関係者がいた。
- 第二巻四章（生態系）は、統括執筆責任者と代表執筆者を合わせた一〇名のうち、半数の五名がＷＷＦ関係者だった。
- 四四章のうち一五章では、一名以上のＷＷＦ関係者が統括執筆責任者を務めた。
- 三つの章では、二名のＷＷＦ関係者が統括執筆責任者を務めた。

報告書の第二巻は、温暖化の悪影響を扱う。内容を環境活動家が仕切れば、「どんどん悪化中」という結論になるだろう。事実、前章の「〇〇ゲート」群も大半が第二巻にからみ、「悪化中」のイメージを誇張して伝えるものだった。

くわしい中身を読みもせず、政治的プロパガンダに近い文書を「聖典」とみて各国の政治家や官僚、ジャーナリスト、研究者、教師たちは、温暖化のホラー話をつむいできた。集団催眠の世界だといえよう。

第四次報告書の制作に当たった日本人は約五〇名いる。うち五名とは面識があり、一〇名ほどは間接的にお仕事を知っている。存じ上げない方々も、実績十分で真面目な中堅研究者ばかりだと思う。ただし、ＷＷＦの顧問二名が重い業務を担当していたのは気にかかる。

「審査つき論文」のウソ

学術誌に送った原稿は、ふつう二〜三名の同業研究者に回し、匿名の審査意見がおおむね前向きなら編集長が「掲載可」と判定する。そうやって生まれるのが「審査つき論文」だ。

同業研究者も万能ではないし、忙しいと部下や学生に審査を丸投げするため、ときには雑な論文も学術誌に載ってしまう。名高い「ネイチャー」や「サイエンス」が載せた気候科学の論文にも、いいかげんなものは少なくない（致命傷か軽傷かの差はあるが、傷のない論文など存在しない。審査つき論文二〇〇足らずの人間がいっても迫力に欠けるけれど）。

それはともかくパチャウリ議長は、「報告書は審査つき論文だけを精選・評価する。信頼度は完璧」といい続けてきた（ＩＰＣＣの内規によると、やむをえない場合は「審査つき論文でない」と明記のうえ、ほかの資料も引用してよいとされている）。

人選の面でパチャウリ発言のウソを見抜いたラフランボワーズは、「審査つき論文」発言にも疑いをもつ。ただし引用文献は膨大だから、彼女一人の手には負えない。二〇一〇年の三月にブログ上で調査ボランティアを募ったところ、一二ヵ国の四三名が手をあげた。

続く五週間、四四の章にある引用文献一万八五三一点につき、同じ章は三名でクロスチェックしながら、しらみつぶしに素性を当たった。どうしても判断できないものは、パチャウリ氏の顔を立てて「審査つき論文」に入れたという。

その結果、全体の三割を超す五五八七点までがグレーな（あやしい）文献だとわかる。グリーンピースやWWFなど環境団体のレポートや、記者発表資料、新聞・雑誌記事、修士論文や博士論文が目白押しだった。

章の単位だと、四四章のうち半分に近い二一章までは「審査つき論文の割合が六〇％未満」だから、米国やカナダなら大学の試験で「不可」になる。

グレーな文献の割合を巻ごとでみると、第一巻（温暖化の科学知見）は七％と少ないものの、第二巻（影響）は三四％、第三巻（対策）は五七％にのぼる。第二巻と第三巻が多いのは、制作に当たった環境活動家の多さを反映しているのかもしれない。

なお、グレーな文献五五八七点のうち、内規どおり「審査つき論文でない」と明記したものは六点だけだった。パチャウリ議長は「出まかせ」をいい続けたことになる。

IACのアンケートに答えたIPCC関係者の一部が、こんな言い訳を書いている。

- グレーな文献の引用もやむをえない。…内規は厳しすぎる。
- グレーな文献を引用できないなら、（現状評価の）責任を果たせなくなる。
- 私が担当した章にはグレーな文献も多いが、苦情を受けたことはない。

苦情が来ないのは、引用文献の素性など誰も調べないからだろう。それにしても「あやしい文献」の五五八七点は多すぎる。

気候科学の錬金術

ここ数十年、ハリケーン類の発生数にも総エネルギーにも目立った傾向がないことは、学界の常識になっている。だがＩＰＣＣは報告書に「温暖化がハリケーンを強化中」と書く。それがパチャウリ氏の口癖になり、ゴアの十八番にもなった（5章）。なぜなのか？

ラフランボワーズが調べてみると話の根元は、ある保険会社のレポートだった。審査はなく、むろん学術論文でもない（保険会社は、温暖化の恐怖が世に広まるほど高額な災害保険を商品にできる）。しかもレポートに名を連ねる研究者ベルツは、ＩＰＣＣ第三次報告書（二〇〇一年）の代表執筆者を務めている。

むろんベルツ氏は担当の章に同レポートを引用した。やがて二〇〇五年、米国の国立研究所にいた研究者ミルズが「サイエンス」誌に（論文ではなく）評論を書き、温暖化が防災経費を上げると指摘。彼が評論に引用したのは、審査のない第三次報告書と保険会社のレポートだった。

「サイエンス」の記事ともなれば迫力がある。その記事を根拠に二〇〇九年、分厚い「温暖化の影響に関する報告書」が米国連邦議会に提出された。執筆者には、ＩＰＣＣ第四次報告書で第一巻六章「古気候学」を仕切った大物研究者とミルズが名を連ねる。また、第一巻の全体を仕切った別の大物が、議会報告書の原稿をチェックしたという。

なにやら錬金術を思わせるけれど、一保険会社のレポートが「権威あるIPCC報告書」をトンネルにして米国議会向け報告書の骨格になり、「温暖化で強まる異常気象が防災の負担をどんどん増やす」という世論をつくったわけだ。

本件を氷山の一角として、あやしい文献から「科学者のコンセンサス」を織り上げたのが、前章の「○○ゲート」群だったことになる。

教義のためならルール無視

IPCC報告書は、二五○○名の査読者に関連箇所の原稿を送り、査読意見も参考にしてつくる（ことになっている）。二○○七年版の第二巻（影響）・第三巻（対策）だと、査読の最終締切は二○○六年の九月一五日。そのあと大幅な変更はない…はずだった。

当時、あることが進んでいた。イギリス政府は二○○五年七月、温暖化の影響を調べるよう経済学者スターン卿に諮問した。七○○ページの「スターン報告」が、二○○六年の一○月三○日に出る。「人為的CO_2温暖化は地球規模の重大リスク」を大前提に、GDPの何％を使って何をすればこうなる…というような作文だった。

それにＩＰＣＣの幹部が飛びつく。最終締切の九月一五日から一ヵ月半も過ぎて査読チームの解散後だろうと、審査つき論文でなかろうと、教養にぴったり合うからだ。

二〇〇七年、内容の変更を当事者しか知らないまま第四次報告書が刊行される。三巻で四四章のうち一二の章が、つごう二六回もスターン報告を引用していた。五回も引用したページさえある。「飲み水を氷河に頼るインド・中国の七億五〇〇〇万人が苦しむ」という記述も、根拠はスターン報告だった（スターン報告が根拠とした二〇〇五年の「ネイチャー」論文には、「飲み水の確保に支障が出る」とあっても、「住民が苦しむ」とは書いてない）。

第四次報告書が間もなく出る二〇〇七年の初頭、「スターン報告は報告書に引用しますか？」と質問したメディア記者にパチャウリ氏は、「審査つき論文じゃないから、引用してもごく一部」と答えている。いつもながらの出まかせだった。

世間には「一事が万事」という言葉がある。教養を死守するための小細工が、スターン報告だけだとは思いにくい。

そもそも、原稿の査読は形ばかりだという事実もある。何度か出てきたカナダのマッキンタイアを氷山の一角として、査読意見を頭から却下された専門家は少なくない。東大の竹下氏も、原稿の中身が「学界の常識に反する」と強くコメントしたのに、あっさり却下されている。

世の中は性悪説が基本だから、たいていのことに監視をつける。悪いことをすれば警察に引っ張られ、警察官の非行は監察官がとり締まる。ちょっとした会計・経理にも監査を置く。しかしＩＰ

ＣＣには、どうやら業務の監視役がいない。そのためＩＡＣも、「編集作業チェック用の部署を設けよ」と勧告したのだ（7章末尾）。

いや、監視役はいた。「教義を死守する」監視役だったが。

政治用の科学①

三巻三〇〇〇ページに及ぶ報告書の本体を隅々まで読む人はいないし、まして背後を探る人などはいない。だからこそラフランボワーズが調べるまで、おびただしいグレー文献の存在も、環境活動家の浸透ぶりも、関係者の不平不満も明るみに出なかった。

ふつう政府関係者が（聖典として）読むのは、三つの巻と『統合報告書』の冒頭にそれぞれ置かれた「政策決定者向けの要約」だろう。分量は、三巻の計五四ページと『統合報告書』の二一ページを合わせ、七五ページしかない。

「要約」の素稿は研究者がつくる。セミファイナル版の原稿を、一〇〇ヵ国以上の代表が集まる全体会議（プレナリー）でスクリーンに映し、一行ずつ合意をとっていく。合意には長い時間がかかるため、数日間の全体会議は徹夜になる日も多いという。

しかもその会議は、環境団体をオブザーバー参加させるくせに、メディア関係者は締め出す。もちろん世界に向けたテレビ公開もない。ここでも、パチャウリ氏の「あらゆる段階を公開している」はウソだとわかる。

途上国を含む各国政府の代表が自国の利益を求めていい争う場だから、科学データに研究者がいちいちコメントする余地はない。研究者のつくった素案は、「政治的に正しい文書」へと手直しされていく。IACのアンケート回答にも、研究者のこんな声がある。

- 私の経験からいって「要約」は、科学ではなく政治の文書にすぎない。
- IPCCは科学ベースの組織ではなく、(各国政府が合意した形をとって)報告書の中身を拒否できないようにする組織だ。国によっては高いツケを払うことになるが、それが政治というものだろう。

政治用の科学②

二〇〇八年の八月三一日、IPCCは創立二〇周年の記念式典をジュネーブで開いた。開会にあたってパチャウリ議長が行った挨拶の中に、次のくだりがある。

IPCCはFCCCに奉仕する組織だといえましょう。FCCCとの交流でIPCCの業務は充実し、各国政府もIPCCの成果を受け入れやすくなるのです。

このひとことがジグソーパズルを完成させる。FCCCとは、国連の気候変動枠組み条約をいう（次章も参照）。人為的CO_2温暖化を事実とみなし、毎年暮れの締約国会議（COP）でCO_2排出削減策を話し合い、合意ができたら各国政府に排出削減を迫る政治組織にほかならない。業務は国連の官僚が仕切る。

官民を問わずどんな組織も、新しい仕事をつくって規模を拡大し、予算と権限を増やしたい。国連の組織も同じだろう。とりわけ国連の官僚には、諸国の政府を支配するという快感もあるにちがいない。官僚たちは仕事づくりのため、一九八八年に生まれたIPCCの「成果」を利用してきたといえる。

パチャウリ発言どおりならIPCCは、中立な科学的評価に専心する組織などではなく、FCCCの仕事に役立つ材料をそろえる下働きの組織だといえる。つまり、IPCCに集う科学者は、目的（排出削減協定づくり）を果たしたい政治集団（国連官僚）に仕える下僕として、各国からリクルートされたことになる。

報告書の執筆・編集に当たる人々は、それを自覚しておられるのだろうか？

懲りない面々

二〇一三～一四年に刊行予定のIPCC第五次報告書は、第四次より質が落ちるだろう。次々と出る学術論文が「定説」をくつがえしただけではない。二〇一〇年八月のIAC勧告(7章末尾)は、もう間に合わないからと大半が無視された。「任期は一回かぎり」の勧告を柳に風と、パチャウリ議長はそのまま残る。二〇一〇年に学位を得たばかりの女性研究者コヴァッツも、代表執筆者のまま残る。

グリーンピースやWWFの名簿に名を連ねる人々も、統括執筆責任者や代表執筆者、執筆協力者としてずいぶん残る(ただし先述した日本のWWF顧問二名は辞任するもよう)。

引用文献の件はもっと悪い。第五次報告書では、「審査つき論文でない」と明記しなくてもいいのだという(第四次でも守られていないから「従来どおり」だけれど)。まちがいなく、報告書の信用はさらに落ちる。

ラフランボワーズの『不良少年』を読んだ研究者には、たとえ第五次報告書の制作に参加ずみだとしても、ぜひ中途辞退されるようすすめたい。もう方向転換できない重鎮各位はともかく、若い人ならまだやり直せる。そのまま続けると経歴に傷がつく危険が大きい。二〇一一年一二月中旬には、第一巻一二章「長期気候変動」の代表執筆者カルデイラ教授が、「こんな仕事は時間のムダだ」と中途辞任している。

IPCCは、米国、ドイツ、イギリス、日本などわずかな国々の拠出金で運営される。米国の下院は二〇一一年の二月、IPCC拠出金の拒否提案を可決した。日本政府にも、拠出をやめるか、せめて大幅削減を考えるよう望みたい。

また、国民の意識を染め上げるメディアの方々は、ぜひとも慎重になっていただきたい。ラフランボワーズの本は発売から一ヵ月足らずでネット書店のサイトに一〇〇件を超す書評が載り、評者の九割近くは絶賛している。書評中にはこんな意見がたいへん多い。

IPCCが生まれて二〇年以上、世界のジャーナリストはいったい何をしてきたのか?

「エコノミスト」誌の科学編集者を皮切りにジャーナリズム畑を歩き、数年前まで温暖化の危機を警告していたイギリスのリドリー氏は、クライメートゲート事件(7章)と『不良少年』に接して心を変え、いまやCO_2脅威論を「環境活動家がこしらえた現代の神話」とみている。

なおIPCCは二〇一一年の秋、おそらくクライメートゲート事件の余波だろうが、第五次報告書の原稿査読者を(政府推薦のほか)一般からも初めて公募し、一二月中旬に選考を終えた。WUWTのワッツ(一二六ページ参照)も選出されたため、査読期間(一二月一六日〜二〇一二年二月一〇日)が過ぎたあと、査読の内情が明るみに出るかもしれない。クライメートゲート2・0の流出メール中でCRUのジョーンズが、「第五次の作業がすんだら関係者は交信メールを消去したほうがいい」と書いていたけれど、そんな非行も少しは減るのではないか?

9章　CO_2削減という集団催眠

アンデルセンの童話『裸の王様』では、「バカには見えない」みごとな布を織るという詐欺師二人が、衣装狂いの王様をだます。王様と大臣が仕事の進み具合を見にきたとき、詐欺師は空っぽの織機を指して、「みごとな布でしょう」と胸を張る。賢者で通る大臣がうなずくのを見た王様は、内心うろたえながらも「色といい柄といい、みごとなものじゃ」と言うしかない。

新しい衣装をつけて街を練り歩く日が来た。自分をバカだと思いたくない庶民も、王様の「みごとな衣装」を絶賛する。しかしある子が「でも王様は裸だよ！」と叫び、庶民は集団催眠から覚めたけれど、いまさら止まれない行列はしずしずと進む…

あやふやな（最近ますますあやふやになってきた）話が集団催眠を生んだところも、急には止まれないところも、CO_2脅威論は『裸の王様』に似ている。

幸いなことに、「ある子」のような若者は少なくない。じっくり話しさえすれば、高校生も中学生もわかってくれる。日ごろ授業で温暖化の脅威を語っている（のだろう）先生がたは、反応が芳しくないのだけれど。

以下、世を覆う集団催眠のルーツと現状、問題点を眺めたい。密接な関連をもつ「再生可能エネルギー」の分析は次章に譲る。

砂上の楼閣──京都議定書

ＩＰＣＣの第一次報告書が出た二年後の一九九二年、国連は気候変動枠組み条約（ＦＣＣＣ。通称「温暖化条約」）をつくる。ＩＰＣＣがＦＣＣＣを産んだと思えばよい。同年六月の「リオ地球サミット」で、条約に一五五ヵ国が署名した。

条約は一九九四年三月に発効し、翌年から年に一回（二〇〇一年は二回）、世界のあちこちで締約国会議（ＣＯＰ）が開かれる。第三回の京都会議（ＣＯＰ3。一九九七年）で調印された議定書が二〇〇五年二月、「五五ヵ国以上が批准。そのCO_2排出量合計が世界の五五％以上」という要件を満たし、発効することになった。

議定書は「基準年」を一九九〇年と決め、「二〇〇八～一二年に先進国は、CO_2排出を基準年から約五％減らす」とした。削減義務のある国々は、どうみても意味があるとは思えない「森林のCO_2吸収」や、「排出量取引」「途上国への技術移転」なども合わせて目標（日本は六％減）を達成するのだという。

議定書の発効から約七年が過ぎ、調印からは一四年もたつ。議定書のおかげで、世界のCO_2排出量は減ったのか？

減っていれば、大気中CO_2濃度のトレンドが変わる（CO_2脅威論を受け入れるなら、注目点はそこしかない）。だが1章の図1・5を見ると、ここ七年（または一四年）、CO_2濃度の歩みが変わった気配はない。つまり、議定書が化石資源の消費に何ひとつ影響しなかった（地球を〇・〇一℃も冷やさなかった）のは、火を見るよりも明らかだろう。

日本だけで約二〇兆円（まえがき参照）、世界では一〇〇兆円以上の金を使い、膨大な時間と労力をつぎこんだ成果が、まったくのゼロなのだ。なぜなのか？

なにごとも、当事者が本気になれなければ結果も出ない。本気になれない要因として、次の三つがあったと思う。

①非常識　食品の保存・調理にも、病院で患者の命を救うにも、冷蔵庫や医療機器の製造にもエネルギーを使う。いまいちばん安くて信頼できるエネルギーは、化石燃料（石油・石炭・天然ガス）を燃やして生み出す。そのとき必ず、決まった量のCO_2が出る。

先進国だろうと途上国だろうと、暮らしは快適に、産業活動は活発にしたい…それが人間の本性だといえる。どちらもエネルギーの消費（CO_2排出）を伴う。つまりCO_2削減は、人間の本性に逆らう発想だった。

人口を考えても、議定書の非常識がわかる。世界人口は、一九九〇年に五三億足らず、二〇一二年に七〇億強(予測)だから、約三三%の増となる。一人あたりの経済活動(つまり生活の質)が一九九〇年のままだとしても、世界の経済活動(=CO_2排出)は三三%も増えるのだ。むろん生活の質はじわじわ上がり、CO_2排出はもっと増えた。「約五%」にほとんど意味がないのは、小学生でもわかるだろう。

また、食物のほぼ全部と、ヒトを含めた動植物体のもとになるCO_2は、大気に増えるほど生態系を豊かにする(2章)。それが理科の常識だった。議定書の起草者にも、COPの出席者にも、理系の人が少なかったにちがいない。

②目標の悲しさ　たとえ議定書どおりに運んでも、いま生きている人の大半がいない一〇〇年後に、地球の気温は〇・〇一℃台しか下がらない(詳しくは後述)。暮らしと自然界に何ひとつ影響がなく、化学実験でもふつうは誤差に埋もれる温度差だ。
それに気づいた人なら絶対に、議定書の「約束」をバカバカしいと思うはず。

③近視眼　1章の図1・4を眺めよう。京都会議のころ中国は、人口の割にCO_2排出量が少ない途上国だった。けれど二〇〇一~〇二年から急成長を始め、二〇一〇年のCO_2排出量は日本

の八倍に届く。

二〇〇一～〇二年は、京都会議からたったの四～五年後にすぎない。それほどに近い未来を、各国の立派な代表たちが見通せていなかった。「三〇～五〇年後にはニューヨークもロンドンも馬糞で埋まる」と心配した一八九〇年代の英米人（4章七五ページ）を笑えまい。

議定書が「途上国」と認めた中国に、いまなお削減義務はない。やはり排出量を近ごろ急増させているインドも同じ。

いまCO２の五二％を、多い順に中国・米国・インド・ロシアの四ヵ国が出す（中国は二〇〇六年に米国を抜いた。五位の日本は世界の四％未満）。ロシアは「削減」をせずにすみ、米国は一〇年前に議定書から離脱した（後述）。つまり「五五％条項」さえ大きく破綻している。そんな状況で、やる気の出る人がいるはずもない。

完敗の日本

京都会議は一九九七年の暮れだった。そのタイミングなら、削減行動は先のことだし、削減の基準年は早くて翌九八年か、キリのいい二〇〇〇年にするのが筋だろう。だが基準年は一九九〇年になった。なぜなのか？

一九九〇年はEU（とくにドイツとイギリス）が強硬に主張した。両国を合わせたCO２排出量

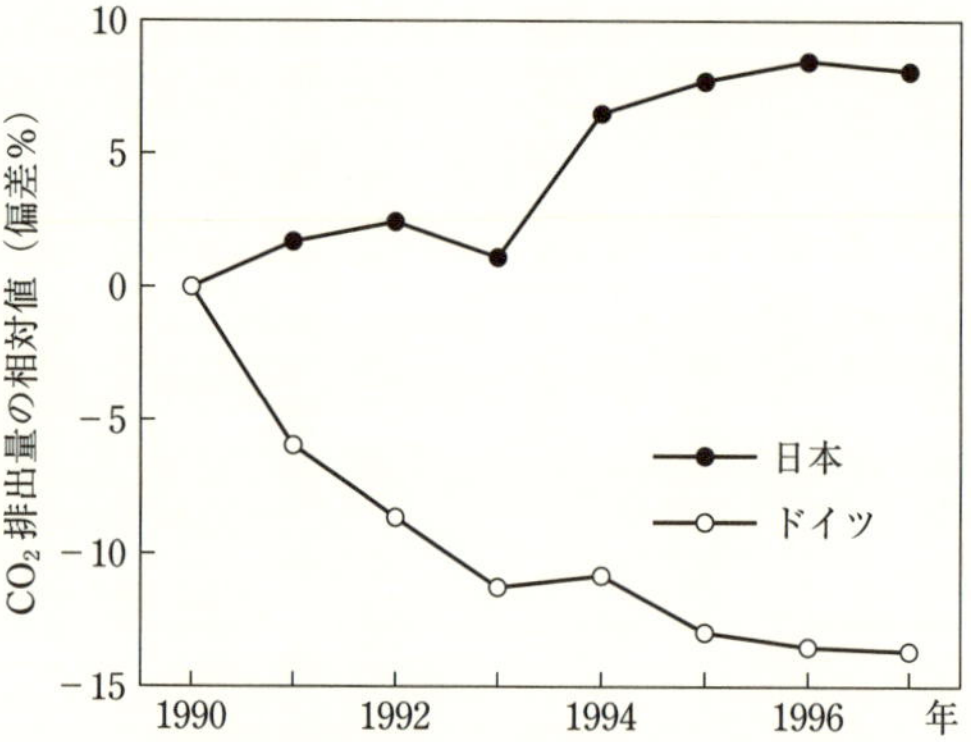

図 9.1　1990 年比で見た日独の CO_2 排出量推移：1990〜1997 年

は、EU全体の四〇%近くを占める。それが大きなヒントとなる。

たとえば一九九〇～九七年の八年間、ドイツと日本のCO_2排出量は図9・1のように変わった。経済発展を続ける日本はCO_2排出を増やし、九七年の値は九〇年より八%ほど多い（米国の状況も似ていた）。

かたやヨーロッパでは一九九〇年から東西融合が進んだ。旧東独と合体したドイツは、もと東独の発電所や工場に手入れしてCO_2排出量を大きく減らし、九七年は九〇年より一四%も少ない。またイギリスは、やはり一九九〇年ごろから燃料の切り替え（石炭→天然ガス）を進め、同じ発熱量あたりのCO_2排出量（表1・1）を一〇%ほど減らしていた。基準年を一九九〇年にすれば、両国は（つまりEUは）CO_2排出を増やしてよいのだ。

実のところ京都議定書は、一九九〇年一〇月二日（東西融合の前日）にドイツ議会が採択していた「大気保護行動」決議文を下敷きに生まれたという。京都会議の折りに世界は、米国を抑えて冷戦後の覇権を握ろうとするドイツの戦略に「してやられた」といえる。ちなみに京都会議のドイツ代表は、いま首相をしているメルケル環境大臣だった。

大木環境庁長官（当時）率いる日本の代表は、理不尽な「一九九〇年」を受け入れてしまう。目標の六％減にしても、当初は二・五％を主張したところ、米国のゴア副大統領（当時）が議場で「温暖化の危機」を煽り、つい六％減を受け入れたという裏話がある。要するに日本は国際政治のパワーゲームに完敗したといってよい。

瀕死の「京都」──議定書とCOPのいま

米国の離脱　ブッシュ政権（当時）は二〇〇一年の三月末に京都議定書から離脱した。もともと連邦議会が「途上国にも義務を課す」を条件にしていたから、当然かつ賢明な決断だった。移民が増えるなか発展を続けなければいけない国に、「一九九〇年比でCO$_2$排出七％減」などという芸当ができるはずもない。
カナダは二〇〇七年の四月、約束の六％削減を断念すると発表。そのかわり、「二〇二〇年までに二〇％減」を目指すのだと、鳩山元首相そっくりな代案を出したが、それも守れるとは思いにくい。二〇一〇年一一月には上院が温暖化法案を否決している（7章）。二〇一一年の一一月末、COP17の開会直前にはハーパー首相が、「議定書は経済政策として大失敗、科学政策としては詐欺にあたる」と述べて議定書からの離脱予定を表明し、COP17が閉幕して二四時間もたたない一二月一二日にはケント環境相が、正式離脱を世界に向けて宣言した。

1章～2章で登場した文科系一・二年生の大半は、小学校から一二年間、「米国の議定書離脱は犯罪だ」と教わってきた。先生がたは、「一九九〇年」の異常さも、議定書の成果がゼロだという事実も、教えてくれなかった（ご存じなかった？）のだろう。

愚かしい排出量取引

議定書は、二〇〇四年一一月にロシアが批准した結果、九〇日後の二〇〇五年二月に発効した。ロシアが批准したのは、同国の高官が公言していたとおり、温暖化防止などのためではなく、儲かる見込みがあったからだ。

議定書はロシアの削減義務を「一九九〇年比で〇％」としている。ロシアはソ連崩壊（一九九一年一二月）から経済が落ち込み、京都会議のころ、九〇年比の排出量はマイナス三〇％台だった（現在もほぼ同じ）。マイナス三〇％なら、「三〇％も余分に目標を達成した」こととなり（！）、達成できない国に「余剰分」を売れる。それを排出量取引という。

二〇〇四年当時、ロシアの「一％」は数百億～一〇〇〇億円相当といわれた。つまりロシアは、何もせずに（むしろ何もしないほうが）一兆円を稼げる。たぶんそう判断したプーチン大統領（当時）が批准書に署名し、議定書を発効させてしまう。

排出量取引は、金の存在場所を移すだけの話。もらったほうは何かに使い、エネルギーを消費してCO_2を出すため、取引額に比例して世界のCO_2排出は減りはしない。エネルギー効率の悪い事業に金を使えば、むしろCO_2排出を増やす（ついでにいうと、ほかの途上国支援金と同様、目的外に使う国々も多かろう）。

だが日本政府は、もう二〇〇〇億円ほど途上国に貢ぎ、その分だけCO_2を「減らしたこと」にしてきた。世界全体でみると、地球の気温をほとんど左右しない四％未満のさらに一部を「減らした気になる」だけの話だから、愚行のきわみというしかない。

二〇一一年一二月一三日に環境省が発表した速報値によれば、二〇一〇年の排出量は前年比三・九％の増、一九九〇年比で〇・四％の減だが、排出量取引で買った「架空の削減分」約一〇％を考えると一〇・三％の減になるそうな。厚い札束（税金）に頼る数字遊びを、政府はいつまで続ければ気がすむのか？

二〇一〇年の四月には、ウクライナに送金した二六〇億円がいっとき行方不明になるという、マンガのような騒ぎも起きている。

排出量取引に金融界が飛びつき、世界各地に「炭素取引所」ができたものの、やはり空しいと思う人も増えたのか、「手じまい」に向かう気配が強い。鳴り物入りで生まれたシカゴ炭素取引所も、二〇一〇年の暮れに閉鎖された（7章）。

COPの素顔　以上のような話だから、年中行事のCOPは昨今、途上国が先進国に金と技術を要求し、先進国が突っぱねるだけの集会になっている。

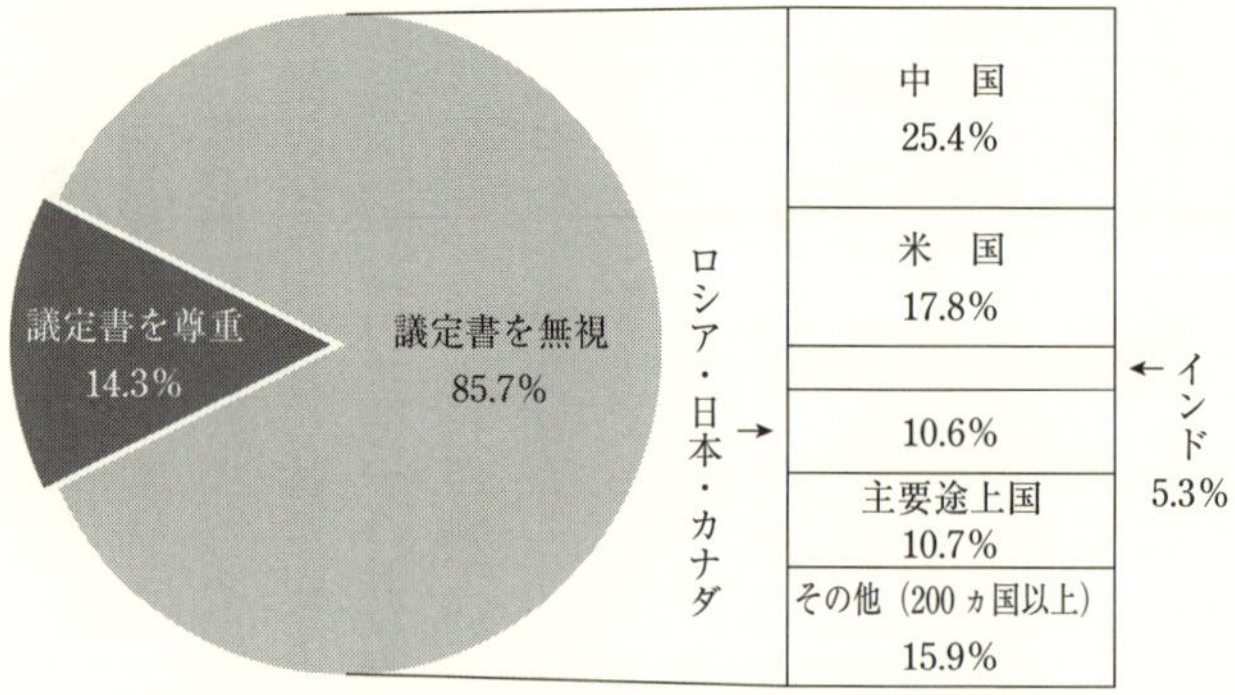

図 9.2　世界 CO_2 総排出量（2009 年）の内訳

議定書を尊重する国は，EU の 27 ヵ国，ノルウェー，オーストラリア，ニュージーランド。主要途上国はイラン，サウジアラビア，韓国，メキシコ，南アフリカ，ブラジル，インドネシアの 7 ヵ国

［2011 年 1 月 31 日「ガーディアン」紙掲載の排出量データを同年 8 月に Ed Hoskins 氏がグラフ化］

二〇〇九年一一月のＣＯＰ15（コペンハーゲン）は、母体にあたるＩＰＣＣの暗部をクライメートゲート事件（7章）が明るみに出した直後でもあり、何ひとつ決まらないまま閉幕した。翌年のＣＯＰ16（メキシコ・カンクン）も五十歩百歩だった（ＣＯＰ17は後述）。

激減した「削減国」　二〇一〇年のＣＯＰ16で日本は、京都議定書の継続に強く反対した。二〇一一年には離脱をきっぱりと宣言したため、まだ議定書を守るのだと（ホンネはともかく）いっている国は、ＥＵ（二七ヵ国）、ノルウェー、オーストラリア、ニュージーランドしかない。

それを二〇〇九年のＣＯ$_2$排出量統計に当てはめれば、図9・2ができる。「議定書」派の排出量を合わせても世界の一四・三％だから、

CO_2の八五・七％までを出す国々（人口の比率で九二・四％）は、もはや温暖化防止など念頭にないのだ。

しかもＥＵの二七ヵ国は一枚岩ではない。ドイツとイギリスだけは（行きがかり上）旗を振るけれど、フランスは温暖化法案を否決した（7章）。財政難のギリシャもスペインも、温暖化対策どころではない。まして旧東欧圏の諸国には馬耳東風だろう。

すると一四・三％もさらに減り、せいぜい一〇％（人口比で約五％）となる。CO_2の九〇％を出し、人口の九五％を占める国と地域が、ポーズはともかく、CO_2削減など考えていない。こんな惨状になってもまだCO_2削減を唱えて大規模な年中行事を繰り広げる国連官僚などＣＯＰ関係者は、学習能力がないのではないか？　また日本のメディアは、そういう事実こそ国民に知らせるべきではないのか？

国連の苦悩？　CO_2脅威論は、国連の組織が唱え始めた。京都議定書は国連の作品、ＣＯＰは国連の事業だといえる。

私は国連を、先進国の富を途上国に回し、世界の平等化を図りたい集団とみている。下部組織のＩＰＣＣが一九八〇年代にCO_2脅威論を唱えた。ＩＰＣＣ予想のとおり、先進国からどんどん出るCO_2が「あぶない温暖化」を起こすなら、先進国の富を引き出す口実にふさわしい…よし、それでいこう…となったのではないか？

だが国連の目論見は、新興国の急成長（CO_2排出の急増）と、先進国からの反発、IPCCの内幕暴露などで大きく外れた。いまや国連官僚たちも、どうすれば面子を保った形で幕を引けるのだろうかと真剣に悩んでいる…と思いたい。

COP17　二〇一一年のCOP17（南アフリカ・ダーバン）も低調そのもの。自国の立場をぶつけ合う議論に時間がかかり、予定より二日遅れの一二月一一日に閉幕した。決まったのは、約四年かけてポスト京都の形を考え、二〇二〇年には発効させたいということだけ。

議定書は二〇一三年以後も続けるらしいが、賢明にも日本など先進国のいくつかが削減義務を拒否したため、一三年にはEUの独り芝居が始まる。CO_2脅威論も崩壊に近づいて、二〇年からの「新しい枠組み」は蜃気楼に終わるのではないか（ぜひそうなってほしい）。

会期中にIPCCのパチャウリ議長が講演し、ヒマラヤの氷河減少を訴えた。ヒマラヤにつごう五万四〇〇〇ある氷河のうちわずか一〇ヵ所を調べた「研究」だというけれど、いったい何人が耳を傾けたのだろう?

催眠状態

議定書の「いま」をメディアが伝えないので、CO_2削減を善とみる人はまだ多い。なにしろ、一見わかりやすいCO_2脅威論に、あの国連がお墨つきを出している。だからCO_2削減論は、二段階の集団催眠①と②で世間にたちまち浸透した（産業界のことは後述）。

① 国連（IPCC、FCCC）→諸国の指導層（政府、メディア、学術・教育界など）
② 指導層→［時流に乗って儲けたい産業界］→国民

催眠の暗示語は、「CO_2削減で地球を守り、世界を救おう」だった。それに逆らうと、子孫のことを考えない極悪人にされてしまう。そうやってみんなが気持ちよく（進んで）暗示にかかったところも、『裸の王様』に似ている。

たとえば二〇〇九年九月一九日の毎日新聞に、四二歳男性のこんな投書が載った（抜粋）。

地球温暖化を防止するためには私たちが意識して行動することが不可欠ということを（著者注・高速料金一〇〇〇円以下のETC車ドライバーは）、もっと考えてほしいと思うのです。私はマイカーで通勤しているので、行楽には公共交通機関を利用するようにしています。冷房も二六〜二七度にし、買い物にはマイバッグを持参しています。風呂の残り湯で洗濯し、使っていないコンセントは抜くようにしています。

内容の支離滅裂さはあとで解剖しよう。ともかくこれを載せたからには、担当のデスク氏も投書に共鳴したのだと思う（なお本書に毎日新聞の引用が多いのは、たまたま購読中だからで他意はない。温暖化の記事は他紙も大同小異）。

二〇一一年一〇月の同紙には、ある記者がこんなコラムを書いていた。地元の主婦がコーラス隊となって横浜市一八区をめぐるツアーコンサートに、市の温暖化対策統括本部（という部署があるそうな）が目をつけた。歌い手の主婦が「家庭のCO_2削減」をしてくれるようにと、同本部ご提案の「節電やエコの歌」二曲を歌ってもらうことにした…。

どちらも、巨大な敵機（しかも幻影）を竹槍で突き落とそうとするに等しい。催眠（ないし洗脳）を解く呪文になればと、CO_2の排出削減で地球の気温がどれほど下がるかを見積もっておこう。以下の三つを仮定する。

- 各国はいまと同じ量のCO_2を出し続ける（一部の国は削減する）。
- 削減の成果（気温低下）は、いまの乳幼児が社会を動かす二〇五〇年時点で考える。
- CO_2の気候感度（4章）には、最新報告の〇・七℃を使う（どの国も排出を減らさないなら、人為的CO_2は二〇五〇年の気温を約〇・二℃上げる）。

見積もりの一部を概数で左にまとめた。IPCCの気候感度（約三℃）を信じる人は、気温低下を四倍しよう（四倍しても「ゼロすれすれ」に変わりはない）。

- 調印時の議定書どおりに削減が進むなら、気温低下は〇・〇〇五℃
- 図9・2の国々（EU＋三ヵ国）が議定書を守るなら、気温低下は〇・〇〇一℃
- 日本だけが議定書を守るなら、気温低下は〇・〇〇〇五℃

なお、二〇〇九年九月の国連デビューで鳩山首相（当時）は、何ひとつ根拠のない「二〇二〇年に九〇年比二五％の削減」を宣言した。かりに実行できたとしても、二〇二〇年時点の気温は〇・〇〇〇三℃しか下がらない（だから海外のメディアは鳩山発言を無視していた）。

読者の催眠は解けただろうか？

日本政府は二〇一一年一一月二六日、「二五％削減」を一二年春までに見直すと決めた。大勢の人たちが鳩首協議するのだろうけれど、使う時間と労力がもったいない。意味のないCO_2削減談義は、この際スパッとやめるべきだろう。

省エネはCO_2を減らさない

省エネすれば、個人は浮いたお金で何かを買える。企業なら新事業に投資できたりする。全世界の省エネが進めば、化石資源の消費が減り、使わない分を子孫に残せるだろう。だから省エネそのものは（本物の省エネなら）美しい営みになる。

しかしそもそも、まともな個人なら日ごろ省エネに務めている。企業も、損益を左右する省エネに励んできたし、これからも励む。国にとやかく言われるような話ではない。

しかも、ローカルな省エネは国（や世界）のCO_2削減に直結しない。なぜか？


節電の効果　たとえば一世帯が一〇％の節電をする。数十万世帯に送電する火力発電所は、実質〇・一世帯分の負荷変動など感知しないから、燃やす燃料（出すCO_2）の量は変わらない。

ただし続いて何かが起こる。一〇％の節電をした家庭では、年に約一万円が浮く。私のような凡人は、浮いたお金で何かを買う。私には無縁だけれどガソリンを買ったら、車が二〇〇kg以上ものCO_2を出す。つまり節電が化石資源を消費し、CO_2排出を増やすのだ。

全国五〇〇〇万世帯のうち一〇〇〇万世帯も一〇％ずつ節電したら、発電所は負荷変動（二％）を感知する（売電量の二％が減って電力会社は減給やリストラが必須）。浮いた電気代（一年間の合計一〇〇〇億円）で各家庭は、さまざまな製品・商品やサービスを買う。メーカーやサービス提供企業は、価格に応じた（正比例はしないけれど）エネルギーを消費してCO_2を出す。そのため、国のCO_2排出が減るとはかぎらない。

浮いたお金を銀行に預ければ、銀行はそれを企業に貸しつける。貸付金が企業の活動（エネルギー消費）を促し、CO_2排出につながる。

先ほどの投書者が冷房温度を上げ、コンセントを抜くのは「木を見て森を見ず」の典型で、国のCO_2排出を減らすとはかぎらない（かえって増やすかもしれない）し、世界の排出量にはいっさい影響しない。また、通勤にお使いだという自家用車は、同じ距離で一人あたり電車の一〇倍以上もエネルギーを消費する（CO_2を出す）。

本気でCO_2を減らしたい人は、法律違反を覚悟して、省エネ分だけのお札をシュレッダーにかけるか、燃やすのがいい（一万円札一枚からCO_2は約一gしか出ない）。つまりCO_2を減らす手は、（誰も望まない）経済の縮小しかない。

こうした話を、中学生や高校生はすぐわかってくれる。

経済規模とCO_2排出量　一九七〇〜二〇〇五年の三六年間、日本のCO_2排出量とGDP（国内総生産＝国内に出回るお金の総額）は、京都議定書の基準年（一九九〇年）を一〇〇として、図9・3のように変わってきた。

CO_2排出量は、エネルギー消費量＝化石資源の燃焼量（日本の場合、港に着く石炭・石油・天然ガスの総量）にほぼ比例する。そしてエネルギー消費量は、産業活動の規模（国の勢い）や国民の暮らし向きを映し出す。

一九八六〜二〇〇五年の二〇年間に注目したい。両者がぴったり比例関係にある事実は、「経済

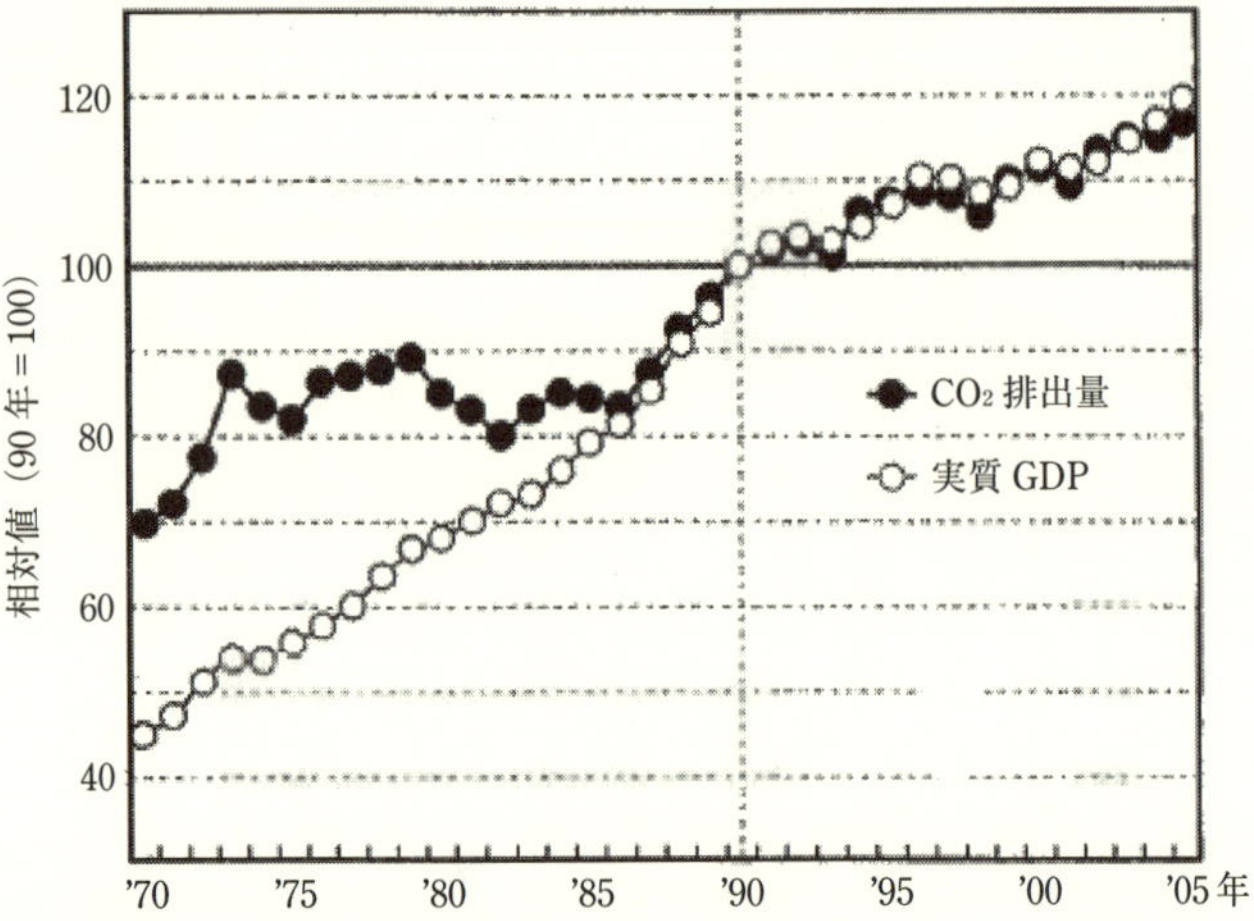

図 9.3　日本の GDP と CO_2 排出量の推移：1970～2005 年

京都議定書の基準年＝1990 年を 100 として表示。
［日本エネルギー経済研究所 編，『エネルギー・経済統計要覧 2007』の数値データをグラフ化］

規模がCO_2排出量を決めている」と解釈できる。図９・３をはみ出す二〇〇七～〇九年（１章の図１・４）にはCO_2排出量がわずかに減り続け、その理由を環境省も「経済活動が落ち込んだため」と正しく分析していた。

一九八六年より前のCO_2排出量が相対的に多かったのは、エネルギー効率の悪さによる。二度の石油ショック（一九七三年、七九～八〇年）をきっかけに泣く泣く省エネを進め、エネルギー効率を上げた結果、以後二〇年間のような国になった。

その二〇年間にも社会インフラや産業設備の省エネはどんどん進み、省エネ製品が続々と出たものの、ＧＤＰあたりのCO_2排出量は減っていない。社会の急激なＩＴ化がCO_2排出を増やした面も大きいだろう。この状況でCO_2排出をさらに減らそうという営みを、世に「乾いた雑巾を絞るようなもの」と言い慣わす。

諸国の「雑巾」はまだまだ絞れる。二〇〇六年のデータを使い、日本を一としてGDPあたりのCO_2排出量を表せば、米国とEUが約二、韓国・カナダ・オーストラリアが約三、インドが約七、中国が一〇に近い。つまり諸国はまだ「一九七〇年代の日本」でしかない。米国が日本なみの省エネ国になるだけで、世界のCO_2排出量は一〇％以上も減る（2章の話を思い出せば、減らしても意味はまったくないのだが）。

「エコ」狂騒曲

原作には書いてないが『裸の王様』の詐欺師二人は、たぶん大金をせしめて逃げた。CO_2削減話でも、近いうち似たようなことが起きるのではないか?

毎日新聞は週に一回、「環境戦略を語る」というインタビュー記事を連載してきた（二〇一一年の夏ごろタイトルが「最前線」に変わり、トーンもだいぶ変わっている）。大企業の社長や専務クラスが取材に応え、省エネやCO_2削減で「環境負荷の低減」「環境技術の開発」をしましたと胸を張る記事だ。どの回も中身は金太郎飴としか思えない。

事業所ぐるみで省エネすれば、事業所のCO_2排出は減る。だが大きな事業所なら大きな金が浮いて、企業はそれを別の事業に回すだろう。新事業でいくらエネルギーを使う（CO_2を出す）のかを明記した記事は一回もない。取材した記者も、取材を受けた企業の幹部も、読者はそこまで気にしないとお思いなのか？

小泉内閣の小池環境大臣が「クールビズ」を唱えた二〇〇五年以降、いっとき関連業界を潤わせるだけのエコ家電やエコカーが（政治家や識者、アナウンサーのだらしないノーネクタイ姿も）定番になった。計器メーカーが潤うだけの「見える化」だの、製品を買わない人の納税分にタカる「エコポイント」、悪乗り企業を称える「エコファースト」、エネルギーを使ってイベントをしまくる「チャレンジ25キャンペーン」だのと、幼稚園児なみの造語・企画を次々にくり出す環境省の官僚は、恥ずかしいとは思わないのだろうか？

どうやら恥ずかしいと思わない企業は世相に便乗し、ここぞとばかり宣伝に励む（小泉政権時代は円安だったから、「環境技術」の輸出で儲かると期待し、「エコ」ブームに乗ったのかもしれない）。だが企業の宣伝は、「さぁ買え」という懇願（または恫喝）にほかならない。釣られた庶民がどんどん買えば、企業はエネルギーを使い、CO_2をどんどん出して製品をつくる。エアコンやテレビのように庶民が二個目三個目を買う製品も多いから、「エコ〇〇」は国のCO_2排出を減らさないし（図9・3）、まして「地球環境」には何ひとつ貢献しない。霊感商法に似ていよう。

私は「エコ」で売る企業の製品を買わないことに決めている。

ハイブリッド車も、製造に大量のエネルギーを使うため、何年も乗ってようやく、合計のCO_2

排出量がガソリン車と並ぶ。モーターは希少金属を使ってつくる。そんな製品がなぜ「環境対応車」なのか、なぜ「地球にやさしい」のか？　私にはさっぱりわからない。

ハイブリッド車や電気自動車のバッテリーを充電する電気は、おもに火力発電でつくる。走行中はCO_2を出さなくても、根元ではしっかり出ているから、「CO_2の排出が少ない」といえるはずはない。

二〇一〇年一月、岩手県は知事の公用車に一四〇〇万円のハイブリッド車を買い込んだ。前年一二月に買った副知事用（五八〇万円）も含め、国からの「環境対策公用車導入費」九〇〇〇万円を充てたという。なぜそれが「温暖化対策」なのか？

「省エネ」ですむのに「CO_2」や「エコ」をもち出すから、日本社会が狂ってしまった。

やや旧聞になるが二〇〇九年の一〇月二日、ＩＯＣ総会に出た石原都知事と鳩山首相（当時）は、二〇一六年オリンピック招致の演説で、「二五％削減」や電気自動車など「環境対応」を強調した。温暖化論のあやしさを知っている海外の審査員には逆効果だったし、海外ブログではお二人の「環境発言」が嘲笑の的になっていた。「日本の常識は世界の非常識」の典型例か。

それにしても、「温暖化の悪影響が拡大中」とか「人類は間もなく折り返し不能の地点を越す」とか、環境活動家じみた石原演説の原稿は、いったい誰が書いたのか？

二〇一二年の夏季オリンピックはロンドンで開かれる。二〇一一年九月に同国のオリンピック委員会は、招致決定のＩＯＣ総会で約束した「CO_2削減計画」をやめると発表。イギリスで進む健全化の流れ（次章）を受けた英断だろう。

横行する言行不一致

世間は言行一致を美徳とみるけれど、他人にCO_2削減を説きながら、自ら実行している人を見たことはない。口だけの人を世に偽善者という。

莫大なエネルギーを使う（CO_2を出す）放送の中で、ひところ「明日のエコでは間に合わない」とか「電気のつけっぱなしはやめましょう」とかのメッセージを流し続けたＮＨＫの姿勢も、絵に描いたような偽善だろう。

温暖化がらみの省庁委員会などに出る識者たちは、「二〇五〇年までにCO_2の八〇％削減が必要」などと涼しい顔でいう。二〇〇七年二月には国立環境研究所が政府の諮問に応え、「二〇五〇年までに七〇％削減は可能」という報告書を提出している。

毎日新聞は二〇一一年二月二四日、次のくだりを含むやや長い記事を載せた。

…将来の気温上昇を産業革命前に比べて二℃未満に抑えるためには、少なくとも四〇年代に石油など化石燃料からの（著者補足　CO_2）排出量をほぼゼロにする必要があることが、海洋研究開発機構などの研究で明らかになった（補足「など」は東大と気象庁気象研究所を指す)。…

記事の「研究」とは未完成のモデル計算だから、「明らかになった」などといえるはずはない。ほか四ヵ所の「判明(した)」や「分かった」も同様。また三機関の関係者は、その「成果」をIPCC第五次報告書に反映させたいのだという(ぜひやめてほしい)。

二〇四〇～五〇年には関係者のほぼ全員が退職(または他界)しているけれど、それはさておき、国民や産業界に「削減」を説くのなら、自ら手本を見せるべきだろう。

ハイブリッド車に乗り「エコ家電」を買い込んでも、先述のとおり意味はない。排出のゼロ化も八〇%減もすぐには無理だろうから、まず五〇%減くらいを目標に、月給の半分を一万円札でおろし、シュレッダーにかけるか燃やすかしよう。

だがそんなことをする研究者も識者もいない。NHKが放送をやめる気配も、新聞社が印刷部数を減らす気配もない。要するに誰も本気ではないのだろう。自家用車や公用車に乗りながらCO_2削減を説く人々を、たとえ(足がやや不便な)筑波にある国立研究所の方々だろうと、私はまったく信用しない。

言行不一致にかけては、なんといってもゴア(5章の主役)が筆頭だろう。二〇〇七年初めにテネシー州の政策研究センターが調べたところ、州都ナッシュビルに彼が構える豪邸(国内三豪邸の一つ)は一ヵ月の電気代が米国世帯平均の一年分を超え、月によっては二年分だった。二〇〇六年にゴア邸が払った電力＋ガス代は三万ドルにのぼる（日本の電気代は米国諸州の二～四倍なので、日本の家庭なら年五〇〇万円をゆうに超す）。

ウソで固めた『不都合な真実』の印税・興行収入、一回一〇〇〇万円レベルの講演料、温暖化商売をする金融業やIT企業の顧問料などで得た総額は、一〇〇〇億円に迫るという。むろん正当な対価だけれど、「CO_2削減をしなければ地球は終わる」と煽って稼いだお金だ。

数人しか乗らない自家用ジェットで飛び回るゴアが、CO_2削減など考えているはずはない。同じ距離を旅するとき、一人あたりのCO_2排出量は、定員いっぱい乗った旅客機が電車の数倍だから、自家用ジェットは数十～数百倍になる。

ランクはやや落ちるものの、CO_2削減論を支えるIPCCのパチャウリ議長も負けてはいない。インドの巨大財閥タタが設立し、多国籍企業群（ドイツ銀行、トヨタほか）や国内エネルギー業界の寄付で運営する「エネルギー資源研究所」の所長を務め、ニューデリーの豪邸に住むパチャウリ氏が、「人為的CO_2温暖化を防ぎたい人」であるはずはない。

オーウェルの名作『動物農場』では、エリート階級の豚たちが、左のような恫喝をしてほかの家畜を支配する。右に紹介した方々も、自分にはその資格があると思うのか？

　　俺たちのいうことを聞け。俺たちのすることは見るな。

10章　再生可能エネルギー？

CO_2脅威論を生計の糧にする方々から、ときどき抗議の手紙やメールを頂戴する。

産業界でも学術・技術の世界でも、カネや名誉がからむ話の当事者は、いい面だけを強調し、悪いところは伏せたがる。ときには反対意見を封じ、ライバルを蹴落とそうとする。儲けが大きいほど、当人の立場が重いほど、発言も行動も過激になりやすい。

何かの効率や性能を示す数字はおろか、中立なはずの統計数字さえ立場で変わったりする。だから当事者の言葉は鵜呑みにできない。異論を排除し自画自賛ふうの報告書をつくるＩＰＣＣ関係者がそうだった（7章・8章）。

あと一〇年で水素エネルギー時代になるという研究者は、一九七〇年代から何人もいた。四〇年後のいまも、「水素が水になるだけだから環境にやさしい」と、燃料電池を儲けや研究のタネにする人々が「水素社会」を世に売りこむ。

けれど水素は、どこかに転がっているわけではない。高エネルギー物質のメタンを触媒で分解するか、エネルギーをつぎこむ水の電解で手に入れる。運ぶにも、エネルギーを使って高圧や低温をつくらなければいけない。投入エネルギーを差し引くと水素の発電効率は数％に落ち、へたをすればマイナスになってしまう。

引火や爆発のリスクも考えると、効率が数％なら常識人は実用化をためらう。いや、すぐ実用化しなくてかまわない。いまわかっている埋蔵量でも石油は数十年、石炭は一〇〇～二〇〇年もつ。数十年後の実用化を目指し、地道に研究を続けていただければよい。

そういう大事なことを忘れ、世の流れに乗っていますぐ儲けようと、発展途上の技術に飛びついたのが「再生可能エネルギー」ブームだと思う。なにしろ自由市場ではなく補助金に頼る話だから、景気が低迷する昨今、諸国は見直しをどんどん進めている（後述）。

自然エネルギー

呼び名の問題

まず「再生可能エネルギー」という呼び名はおかしい。中学校でも教わるように、エネルギーは姿を変えても「再生」はしない。もとになった英語（renewable energy）自体がまずいと指摘する欧米人もいる。原点がおかしかったのだ。

ふつう「再生可能エネルギー」は、太陽から来る光と熱のエネルギー、地球内部から湧く地熱エネルギー（源は放射性原子の壊変か？）、地球の自転が生む海流エネルギー、地球と月の引き合いが生む潮汐エネルギーなどを指す。

太陽の光エネルギーは、光合成（2章）を通じて生物体（バイオマス）の化学エネルギーになる。熱エネルギーのほうは、風力・水力と、海水の深さ方向の温度差を生む。

要するに、どれも「自然エネルギー」と呼べばよかった。

通常、大規模な水力は自然エネルギーとみない。イギリスのアームストロング氏が自邸の絵画展示室を照らそうと水力で自家発電した一八七八年以降（日本初の水力発電は一八八八年）、技術はすっかり確立し、社会を支えているからだ。

二〇一一年の八月末に参議院を通って一二年七月に発効する「再生可能エネルギー法」は、電力の安定供給（①）と環境負荷の低減（②）を目的に、自然エネルギー（太陽光・風力・中小規模水力・地熱・バイオマス発電）の利用を促すのだという。

②は温暖化対策＝CO_2削減のつもりだろうが、自然エネルギーを使っても国のCO_2排出はまず減らない。①も理屈に合わないし、同法は社会の格差を拡大させるかもしれない（後述）。

利用の度合い　いま世界が発電に使うエネルギー源を図10・1に示す。化石資源と水力、原子力で九七％以上を占め、（水力以外の）自然エネルギーは二・七％しかない。

図の元データは、二〇一一年秋の「ナショナル・ジオグラフィック」誌から借りた。温暖化の話

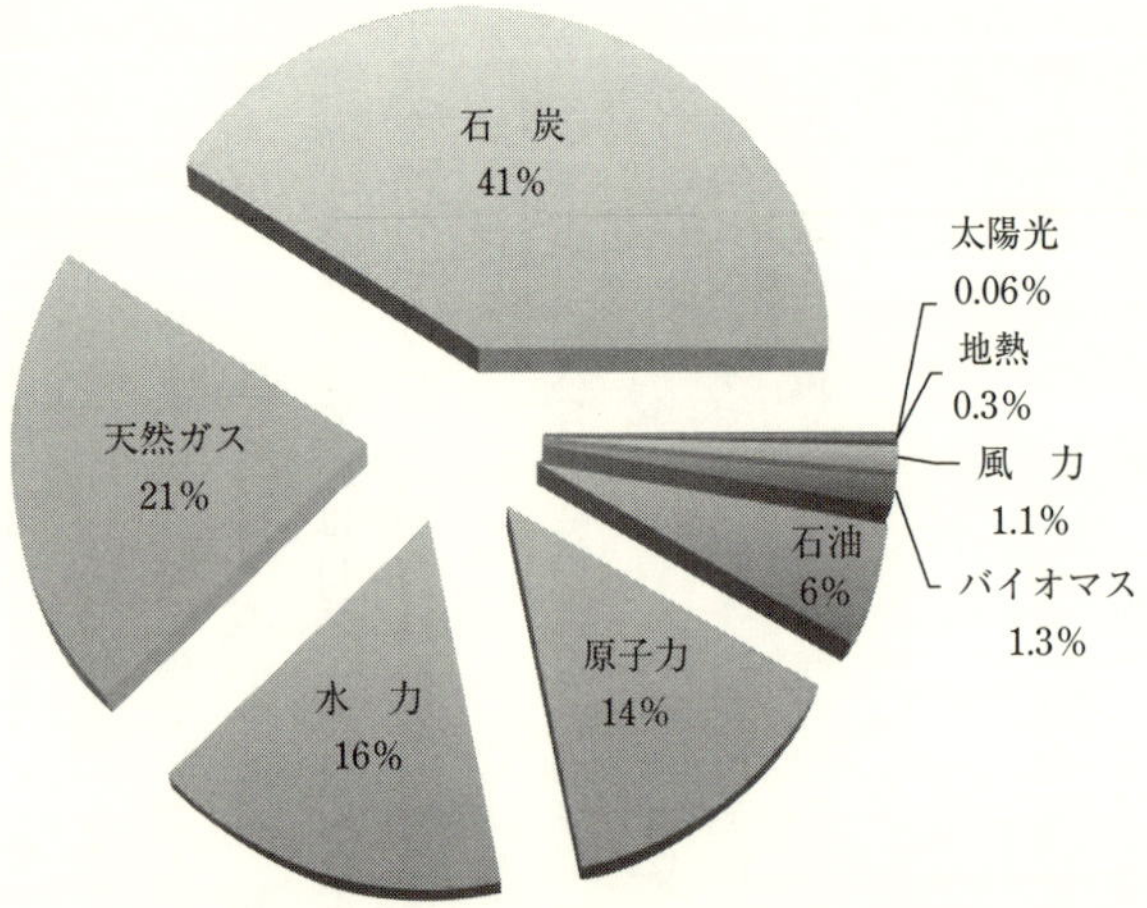

図 10.1　世界の発電用エネルギー源（2010 年）

［2011 年 11 月 *National Geographic* 誌掲載の数値データを W. Eschenbach 氏がグラフ化］

を好み、太陽光や風力を称えてきた同誌も、自然エネルギー分は三%未満とみている。

こうした数字は情報源でちがい、自然エネルギー分を五〜一〇%とみる人もいる。大きな数字は、実発電量ではなく発電容量（能力）を使っていることが多い。あるいは、いまなお世界エネルギー消費のうち六〜七%を占めるバイオマス（薪・木炭・家畜の糞。1章八ページ参照）を含めた数字もあるので注意しよう。

太陽光発電だと、快晴で太陽が真上にある（日本ではありえない）ときの出力を容量とする。日本の緯度なら、晴雨・昼夜・季節変動をならした平均出力は、容量の七〜一〇分の一しかない。また風力発電は、容量の四〜五分の一が平均出力になる。

日本の総電力に占める自然エネルギーの割

合も、情報源（発信者の立場）でずいぶんちがう。いろいろな情報を総合すると現状は、中小規模水力とバイオマス（ゴミ）発電を除いて〇・五％未満、両方を入れても二～三％だろう。

つまり、新法が目玉にする太陽光発電と風力発電は、合わせてもまだ〇・四％台にとどまる（推進派の数字はもっと大きい）。これから数年で一％を超え、五％や一〇％に迫るのか？　本章ではその問いを考えたい。

実例二つ

風力発電と太陽光発電につき、最近の話題を二つ眺めよう（風力の話はやや古い）。

誤算の風力　つくば市は二〇〇四年、「CO_2削減」「売電で地域活性化」「環境教育」をねらって風力発電事業を考え、早大に計画立案を依頼する。早大が風車の設計をもとに「有望」と答えたため、市は環境省から三分の二（一億八五〇〇万円）の交付を受け、約三億円を使って一九校の小中学校に計二三基の小型風車を設置した。

風車は無風や弱風だと回らないし、強風のときは止めなければいけない（最適な風は秒速五～八m）。また、設備の制御（始動・停止・計測）には電気を使う。

市が実測したところ発電量は予想の数百分の一しかなく、制御用の電力にも足りない。つまり風車は、商用電力を消費するオブジェだと判明。二〇〇六年九月、「CO_2削減効果なし」との理由で環境省は、交付金の返還をつくば市に命じた。

交付金を返した市は、早大と風車メーカーを相手に約三億円の損害賠償訴訟を起こす。一審の東京地裁は早大の過失を認め、二億九〇〇〇万円の支払いを命じた（二〇〇八年九月）。早大の控訴を受けた二審の東京高裁は、風況の調査結果を軽視した市の責任も重くみて、早大の過失を八九五〇万円に減額（二〇一〇年一月）。そして二〇一一年六月に最高裁が市と早大の上告を退け、二審判決が確定している。

本件については、関係者（環境省・つくば市・早大・風車メーカー）の一部を非難する方々がいる。だが私には、CO_2脅威論という幻を追い、未完成の技術に乗った関係者の全員が、じつは被害者でもあったと思えてならない。

技術の成熟を二〇年でも三〇年でも待てばよかった。急ぐ必要は何もない。

家庭用ソーラー発電　二〇一一年一一月一六日、毎日新聞は夕刊の一面トップに、おおむね左のような話を七段抜きの記事にした。

東日本大震災のあと個人宅向けの太陽光発電が注目され、国への補助申請件数も増加中。山梨県の歯科医さんは、一八年前から屋根にパネルを置いて、自己資金四〇〇万円と国の補助金五〇万円を使い、発電規模を少しずつ増やしてきた。売電の収入も合わせれば、一六～一七年後に「ようやく元がとれた感じ」だという。…

大見出しを「じわり輝く太陽光」として、記者氏もデスク氏も「未来は明るい」といいたかったのだろう。しかし記事には疑問が多い。

まず、推進側（パネル大手メーカーの広報室、発電関係NGOの事務局長）の談話だけを載せているから、公平・中立な報道とはいえない。本文中で事務局長氏は「一二～一五年ほどで元が取れるのではないか」と控え目なのに、大事な「ほど」や「か」を削り、「採算まで一二～一五年」と断定的な小見出しをつけたのもいただけない。

また、毎時一キロワット当たり四二円（「一キロワット時当たり四二円」？）とか、一般家庭の平均年間消費電力が約四〇〇〇キロワット（「四〇〇〇キロワット時」？）、発電量が毎時三・五キロワット（「一時間に三・五キロワット時」？）とか、中学生でも首をひねりそうな箇所がある。そんな記事を信用する気にはとてもなれない。

ワット（W）やキロワット（kW）は仕事率＝一秒あたりのエネルギーといい、それに時間をかけるとエネルギー＝電力量になる。一kWの仕事率が一時間（三六〇〇秒）続いたときの電力量が、一キロワット時（一kWh）に等しい。

なお、歯科医さんが投じた自己資金四〇〇万円は、一般家庭ならほぼ四〇年分の電気代だ。つまり、たとえ保守や修理の経費がゼロのままでも、元をとるには四〇年かかる（屋外に置くパネルや架台が、四〇年もつはずはない）。

一キロワット時あたり四二円という売電価格は、家庭が払う電気代の二倍に近い。差額は電力会社が電気代に上乗せし、請求明細書の「太陽光促進付加金」がそれを表す。わが家（年に約一〇〇円）が平均だとすれば、全国の世帯数（約五〇〇〇万）をかけ、年に五〇億円ほどがパネル設置者に行く。パネルを買う余裕などない家は、その分だけ貧しくなるし、余裕のある人に税金（補助金）を差し上げてもいる。

かたやパネルメーカーも施工業者も、パネルが売れるほどに潤う（風力発電も同様）。つまり「補助金＋売電」という制度は、お金を貧困層から富裕層（や大企業）に移し、格差を広げることになってしまう。また、何度か書いたとおり、お金が動いても国のCO_2排出は減らない。そんな話を国民に伝えるのが、メディアの役目なのだろうか？

風力と同じく太陽光発電も、浮足立って進める必要は何もなかった。太陽光の場合、シリコン太陽電池の変換効率はもう理論値に近いため、製造コストの低減と設備の寿命がカギになる。いまはまだ、じっくり技術開発を続ければよい。

風力にしろ太陽光にしろ、補助金に頼るかぎりは、健全な営みとはいえない。まともな企業活動なら、政府が手を差し延べなくても自立できるはずだ。

むずかしい大規模利用

個人住宅やオフィスビル程度なら、騒音を出す風力は無理だとしても、太陽光発電は補助電源になる。だが自治体レベル以上だとそうはいかない。

発電に使う自然エネルギー源を全体の三〇％として図10・2を描いた。太陽光発電や風力発電が好きな方々は、こんな未来社会を夢見るのだろう。しかし、太陽光と風力を自然エネルギーの主体とみたとき、図10・2の姿になることはありえない。なぜか？

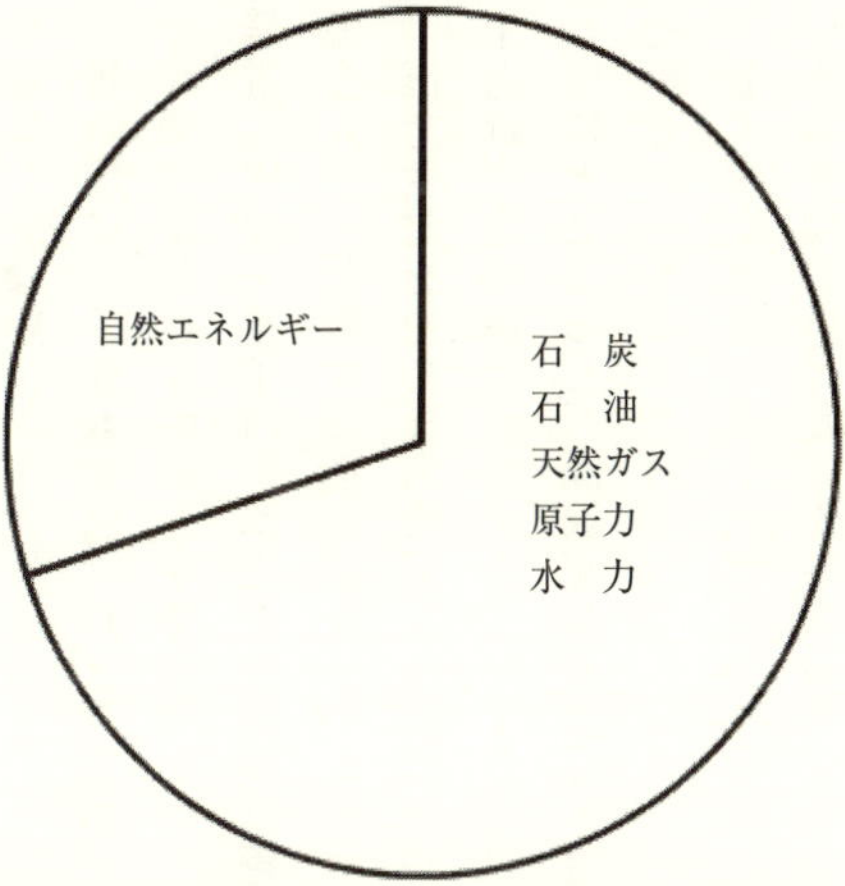

図10.2　自然エネルギー利用率を30％にした発電の姿

フラフラ電源　太陽光発電の出力は、曇りや雨の日に大きく落ちて、夜は完璧なゼロとなる。風力発電の出力も、無風や弱風なら風車が回らず、強風のときも風車を止めるのでゼロになる。日本のようなせまい国だと、両方ともゼロになるのは珍しくない。

短時間に三〇%も変動すれば、震災直後の計画停電どころではない状況が、予告もなしに来る。それでは暮らしも産業も成り立たない。つまり、自然エネルギーをいくら導入しようとも、安定な発電（火力＋原子力＋水力）の規模は絶対に減らせない。結局のところ自然エネルギーに、安定電源を大きく代替する能力はないのだ。

出力変動をたちまち吸収する仕組みがあれば、自然エネルギーの大規模利用もできる。火力と原子力は出力の調節がむずかしい。水力は調節しやすいけれど、いまの日本で水力発電の比率は七〜八%にとどまるし、調節用にはごく一部しか使えない。使えたとしても、太陽光＋風力の導入率はせいぜい一〜二%だろう。

安くて信頼性の高い大型のバッテリー（蓄電池）があれば、変動に対応できる。けれどまだそういうものはない。たぶん数年後にもないが、地道な研究でつくれる可能性はある。その意味でも自然エネルギー利用は、二〇〜三〇年後を目標に考えるのが筋だった。

個人住宅の太陽光発電で、ハイブリッド車をバッテリーにしようと某社が宣伝している。豪華なダイヤモンドの指輪をガラス切りに使うような発想だし、世相に乗じて儲けようという魂胆が透けて見える。子どもたちの情操教育にも悪かろう。

自然破壊　化石資源やウランに比べ、太陽光も風力もずっと薄いエネルギーだから、使うには広い面積がいる。太陽光だと、屋根用の家庭用パネルはともかく、野外で大規模発電をすれば、広いパネルに隠れる地面は植物が育ちにくく（私は問題とみないけれど、CO_2の吸収が減って国のCO_2排出を増やし）、生態系＝エコシステムが狂う。

大規模な風力発電では、騒音や低周波音を避けるため、住宅地から遠い場所に風車を立てる。ときには自然林をつぶし、送電用の鉄塔を立てて電線を張る。保守用の道路も引かなければいけない。つまり、自然エネルギーを利用しようとして自然を（おまけに景観も）壊す。

風車には野鳥がぶつかって死ぬ（バードストライク）。カリフォルニア州のオルタモント山道では一九七〇年代からウィンドファームが建設され、いま二〇〇平方kmの丘陵地に風車が四五〇〇基ほど並ぶ。自然保護団体の訴えを受け、州は数億円を使って鳥の被害を調べた。二〇〇八年に出た推計によると、二年間で八二〇〇羽が風車にやられ、うち米国の国鳥ハクトウワシを含む猛禽類が三〇〇〇羽以上にのぼったという。

また自然エネルギーは、無限に使ってよいものではない。風も太陽光も（むろん地熱・海流・潮汐も）、手つかずだからこそ「いまの自然界」が目の前にある。大規模に使えば、次に述べるメガソーラーと同様、自然界をかなり狂わせる。そのため、「自然エネルギー利用に反対する自然保護団体」もずいぶん多い。

メガソーラー？　大震災のあと、政府筋も自治体も大企業も、メガソーラー（MW＝メガワット級の太陽光発電）の構想を口にする。メガは百万、個人住宅のパネルはkW＝一〇〇〇W台なので、ほぼ一〇〇〇軒分（以上）の規模だと思えばよい。

いま埼玉県は、二〇一二年三月の完成に向け、行田市の浄水場にメガソーラーを建設している。二・二ヘクタール（正方形なら一五〇m四方）の浄水池にパネル五〇四〇枚を並べ、最大出力一・二MW＝一二〇万Wの発電をするらしい（最大出力は「容量」だから、平均出力は一二〇万Wを約八で割った一五万W＝〇・一五MWほど）。

二〇一一年度に七億三六〇〇万円を使い、節約できる電気代は年に一六〇〇万円だという。電卓をたたけばわかるとおり、元をとるのに四六年もかかる。定期点検や修理にもかなりのお金を使うはずだから、まちがいなく五〇年以上に延びる。二〇年ほどでパネルの寿命が来るため、差し引きは大赤字だろう。

埼玉県は「年にCO_2を五三〇トン削減できる」というけれど、それも「木を見て森を見ず」の典型になる。完成した発電設備が出発点なら「削減」にもなろう。だが浄水場のパネルは、シリコン鉱石の採掘に始まり、海上・国内輸送、精製、結晶化、加工、配線、組立て、製品の搬送を経て浄水場に届く。どの段階でもエネルギーを使い、CO_2を出している。

架台やインバーター（直流・交流変換装置）の製造と搬送でもCO_2が出る。パネルが寿命を迎えたら、解体・撤去にエネルギーを使う。総合するとCO_2排出は、減るどころかむしろ増えるのではないか（増えたほうが自然界にはやさしい）。

むろん失業対策の公共事業にはなる。私にはそれしか意義が見えない。議会制民主主義の決定なので、七二〇万の埼玉県民も納得ずくの事業だろうけれど。

なお、原発一基はおよそ百万kWの出力を示す。百万は「メガ」だが、あとにキロ（k＝一〇〇〇）がつくので一〇〇〇MW（しかも実発電量）となる。かたや容量一MWの「メガソーラー」は、右に述べたとおり実発電量が〇・一二MWだから、約八〇〇〇基の「メガソーラー」が原発一基と肩を並べる。

デンマークの風力発電──光と影

日本で太陽光＋風力の利用率は、増えても一～二％止まりだと先ほど書いた。だが洋上風車の写真や映像で名高いデンマークは、一九八〇年代中期から風力発電を進め、いま約五五〇〇基が国内総発電量の二〇％を生み出す。なぜそんなことができるのか？

ある報告書　二〇〇九年九月、同国の「政策研究所」というシンクタンクが、風力発電の現状と問題点を報告書にまとめた。それを読むと謎も解ける。

不安定な電力が二〇％も送電網に入ってくれば、デンマークの社会も成り立たない。ただし同国は、日本のような閉じた国ではない。北はスカンジナビア諸国、南はイタリア、西南はイギリス・

ポルトガルと、計一七ヵ国をつなぐ送電網の中にある。

そこで、国境を接したノルウェー・スウェーデン・ドイツに風力の電気を輸出する。ノルウェーとスウェーデンは水力発電の比率が高く（ノルウェーは九九％が水力）、不安定な電気を吸収しやすい。二〇〇四〜〇八年に、風力の電気は平均ほぼ半分を輸出した（二〇〇六年は四分の三まで輸出）。二〇一三年に完成する八〇〇メガワット洋上風車の出力は、もはや国内では一部しか使えず、かなりの部分を輸出することになろう。

デンマークの発電規模を一として、隣国スウェーデンは五以上、ドイツは一五以上もある。つまり「巨大なバッテリー」をもつに等しい国だから、国内電力のフラつきも少ない。そうした特殊事情により、デンマークは二〇％もの風力発電ができる。ちなみにドイツやスペインの風力が伸びたのも、「巨大なバッテリー」があるおかげだ。

ただしCO_2削減にはつながらない。メガソーラーと同様、風車が回るまでには、鉄材やコンクリートや計器類の製造、組立て、敷地の整備、設置工事、送電ルートの整備、送電線の製造・敷設にエネルギーを使ってCO_2を出す。化石燃料の消費もたぶん減らない。寿命の一〇〜一五年（推進派の数字は二〇年以上）がきたら、解体と撤去でまたCO_2を出す。

どのみち、世界の〇・一三％しかCO_2を出さないデンマークが排出をかりに一〇％減らしても、地球を冷やす効果はゼロに等しい。

強風で倒れ、落雷で壊れる風車も多い。二〇一一年一〇月には稚内市の風車が火災を起こし、地上六六mの駆動部に放水が届かなくて四時間も燃え続けた。風車の事故はエネルギー収支を一瞬でマイナスにし、国のCO_2排出を増やす（むろん増やしてかまわない）。

デンマークの風力発電も補助金（税金）を使うからこそできる。一部は国民が払う電気代を充てるため、電気代はEU諸国のうち（ドイツと並び）飛び抜けて高い（イギリスの約二倍。日本より少し高い）。風車のメーカーと保有者は、年に三〇〇〜四〇〇億円の補助金をもらう（人口が二三倍の日本に引き写したら、七〇〇〇〜九〇〇〇億円に相当）。

また、生産性の高い製造業から、生産性の低い（補助金で潤う）風力発電業界に雇用が流れ、GDPが減っていくのを心配する声もある。

推進側からの反論　当然ながら、デンマークの政府筋にも研究機関にも風力発電の推進派は多い。そういう人たちが、「政策研究所」は米国の石炭・石油業界から資金をもらって報告書をまとめたとか、風力発電の輸出分は一％だとかの反論をしている。政府に提出された報告書を、気候エネルギー大臣がこき下ろしたという話も伝わる。

大きな利権がからむ話では、立場ごとに見解が変わりやすい。部外者に真相は見えにくいが、トータルでは化石資源の節約にならないなど、大規模な風力発電はまだ発展途上にある。日本は慎重に構えるべきだろう。少なくとも、政府の審議会や検討会に推進側の当事者を加えるのは、国の将来を誤りかねない。

まだ早いバイオ燃料

太陽光・風力と並んで昨今、バイオ燃料が話にのぼる。バイオ燃料にはいくつかあるが、おもに植物体の発酵でつくるエタノール（バイオエタノール）を考えよう。

カーボンニュートラル？　バイオエタノールの炭素分は、光合成を通じて大気中のCO_2から来る。エタノールを燃やしてもCO_2が大気に戻るだけだから、大気のCO_2を増やさない。その発想を「カーボンニュートラル」という。燃やして出るエネルギーは、自動車を走らせるなど、暮らしや産業の役に立つ。美しい一石二鳥の話かと思えてしまう。

目の前にあるバイオエタノールが出発点なら、たしかにそれでよい。だがエタノールをつくるには、いろいろな段階でエネルギーを使う（CO_2を出す）。つまりカーボンニュートラルとは、投入エネルギーのことを考えない架空世界の発想だった。

米国が進めているトウモロコシからのエタノール生産を考えよう。トウモロコシは、畑を耕し、種をまき、肥料を与え、除草・殺虫をし、水をやるから収穫できる。どの作業にも（肥料・除草剤・殺虫剤・農業機械の生産にも）エネルギーをつぎこむ。収穫のあと工場へ運ぶにも、貯蔵・発酵・分離・精製装置の製造と運転にもエネルギーを使う（図10・3）。

産出投入比　エタノールの燃焼エネルギーがA、投入エネルギーがBのとき、A÷Bを「産出投入比（R）」という。Rが一より大きいなら、正味で化石資源の節約になる（ただし投入エネルギー分のCO_2は必ず大気に出る）。けれどRが一未満なら化石資源の浪費になって、エタノールをつくるよりも、化石資源をそのまま燃やすほうが賢い。

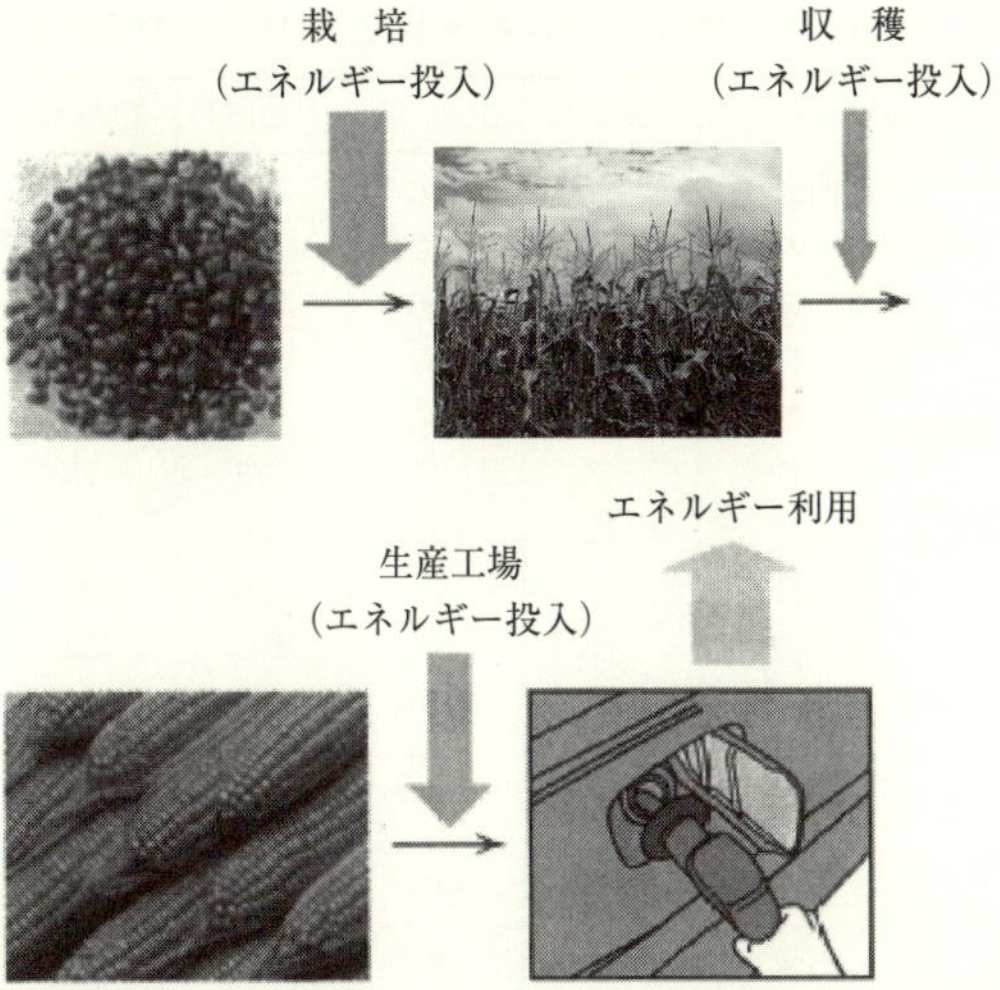

図 10.3　バイオ燃料生産とエネルギー収支のイメージ

現実のRはどれほどなのか？　ここでもやはり、立場ごとに見解が大きく割れる。一をだいぶ超えていると推進派はいい、まず一には届かないと慎重派はいう。

トウモロコシの数字は手元にないので、稲作の数字（表10・1）を眺めよう。一九八〇年以降、同じ基準の推算データを農水省が発表していないため古い資料だが、この話ではむしろ古い資料のほうが役に立つ。

表中で「最新」の一九七四年、日本は一〇〇のエネルギーを投入し、化学エネルギー三八のコメをつくった。コメの重さは「葉＋茎＋根」

表 10.1　稲作のエネルギー収支：1950〜1974 年

項　目	1950 年	1960 年	1970 年	1974 年
労働力	47	36	25	18
蓄　力	12	7	0	0
機　械	57	160	579	667
肥　料	100	254	411	411
農　薬	3	35	81	82
燃　料	3	17	75	78
電　力	12	17	30	23
資　材		25	26	87
建　物	76	76	105	122
灌　漑	65	119	100	114
種　子	8	6	7	7
その他		56	135	361
投入計	383	808	1574	1970
産出量	485	665	724	741
重さ（トン）	2.90	3.98	4.34	4.44
産出投入比	1.27	0.82	0.46	0.38

注）「労働力」から「産出量」までは「1 ヘクタールあたり 10 万 kJ」の単位で表示

［向坊　隆 編,『エネルギー工学総論』, p. 4, オーム社 (1979)］

の乾燥重量とほぼ同じだから、全植物体を産物とみても、Rは〇・八程度しかない。つまりエネルギー収支は破綻している。一九六〇年代まではRが一を超え、稲作はエネルギー収支でも健全だった（食糧生産とエネルギーは次元のちがう話だけれど、本件ではエネルギーの収支が注目点になる）。

農家に育ち「近代化・機械化」の勢いを見てきた私が察するに、いまRは〇・二にも届かないのではないか？　自然の恵みで行われているかのように見える稲作も、数億年前にさかのぼる光合成の遺産（化石資源）を食いつぶしつつ営まれていることになる。

中立な数字がない（あるのかもしれないが、どれがそうなのかわからない）ため感覚でいわせてもらうと、トウモロコシを使う米国のバイオエタノール生産も、Rはまだ一未満だろう。ただしR

を一・三と見積もる機関はある。同じ機関が、サトウキビ→エタノールのRを約八と見積もっているけれど、とうてい信用する気にはなれない。なぜか？

R＝八は、投入エネルギーの全部を考えた値だとしよう（そうでないなら、耳を傾ける意味はない）。エネルギーはエタノールで産み出せるため、種まきから始まる一工程にエタノール一トンを投入すれば、八トンのエタノールが手に入る。次の工程では八×八＝六四トン、七工程（一期作なら七年）後には二〇〇万トン…と、耕地面積が確保できるかぎりネズミ算式に増えていく。Rがたとえ一・三でも、工程を繰り返せば産出量はどんどん増えて、人類はエネルギー問題から解放される。

そういう気配は見えないのでRはまだ一に届かず、「R＝八」も「R＝一・三」も、投入エネルギーの一部しか考えない机上の空論だろう（「投入エネルギーは二～三年でとり戻せる」という太陽光発電推進派の試算も同類）。

私のみるところ、余剰作物のある米国は、数十年先をにらんで「ぜいたくな実験」をしているだけだ。日本はそんな国の真似をしてはいけない。

ただし太陽光や風力と同様、補助金の威力は大きい。補助金ほしさに米国の農家が小麦や大豆からトウモロコシ栽培に切り替えたせいで小麦や大豆の値段が上がり、日本の台所をも直撃したのはご承知のとおり。メキシコではトウモロコシ素材の主食トルティーヤが値上がりし、貧困層を直撃した。温暖化騒ぎはそんな悪いこともする。

赤点の六兆円事業

小泉政権時代の二〇〇二年一二月、「地球温暖化対策」を筆頭に、循環型社会の形成、競争力ある産業の育成、農林漁業の活性化を目指すのだと、「バイオマス・ニッポン総合戦略」なるものが閣議決定された。戦略とは本来、「敵を倒す方法」を意味する戦争用語のはずだが、この話でいったい何が「敵」なのか、私にはよくわからない。

それはともかく、二〇〇三～〇八年度の六年間、総務省・文科省・農水省・経産省・国交省・環境省が計二一四件の「戦略事業」を進め、二〇一一年の二月中旬に総務省が「通信簿」を公開した。なんと結果は「オール1」に近い。

まず、つぎ込んだ金（税金）の額が目を奪う。六年間で使った総額は六兆五〇〇〇億円にのぼる。見た瞬間、桁が二つ三つちがうのではと思ったけれど、政府の資料にそう書いてあるのでまちがいはない。単純に平均すると、国民ひとりが五万円ずつ献上し、一件の事業が三〇〇億円ずつ使ったことになる。

所管の省さえ決算額をつかめない事業が九二件（全体の四三％）あったとか、コンビニ売れ残り弁当の飼料化施設（一六億円）を運営する会社が倒産したとか、バイオマスを処理する一三二施設のうちCO_2削減量を見積もったのはわずか三施設だとか、ポイントはいくつもあるが、総合すれば、所期の成果を出せた事業は「ゼロ」だという。旧政権が始めた事業なのできびしい採点になったのかもしれないが、「失敗」という評価は甘すぎる。むしろ「犯罪」に近いと思う。

総務省は「改善」を強く勧告したものの、使った金は戻らない。本件にかぎらず昨今の省庁は、大型予算をつけるから数年で立派な成果を出せ…という姿勢が強すぎる。ときには使いきれないほどの研究費を配ったりする。それがいちばんの敗因ではないのか？

太陽光や風力と同じくバイオマスやバイオ燃料も、あわてて飛びつく話ではない。作物が原料なら、産出投入比Rが一を十分に超すまで、三〇年や四〇年かかっても栽培と生産工程の効率アップ（省エネ化）研究を進めればよい。「成果ゼロ」を報じるメディア記事のうち、肝心な「急ぎすぎ」を指摘する記事は「ゼロ」だった。

なお、「バイオマス・ニッポン」で助言側の代表を務め、麻生政権にCO_2削減を提言し（現政権もそれを引き継いで税金を浪費中）、懐疑派バスターズ（7章一三一ページ）の指揮をとったのは、同一人物だったとわかっている。国を思うあまりの行為だったのだろうが、せめてひとこと釈明が必要ではないか？

将来展望　予測の外れを覚悟でいうと（4章七五ページ参照）、高速増殖炉や核融合が完成しないかぎり、化石資源が枯れたあとのエネルギー源として、私にはバイオマスしか思いつけない。

2章・3章に書いたとおり、植物は年に四〇〇〇億トンのCO_2を吸う。かたや人間活動は約三三〇億トンのCO_2を大気に出す。CO_2の出入り量はエネルギーに比例するため、植物が固定する太陽光エネルギーは、人類が使うエネルギーの一二倍も多い。

海中の光合成産物は扱いにくいので、陸上の光合成を考える。光合成の規模を「陸上対海中」の比で表すと（こういう肝心な数字にもまだ決定版はない）一対一から二対一の間だという。前者とみても、陸上植物が固定する太陽光エネルギーは、人類が使うエネルギーの五～六倍ある。

局地紛争をやめ、偏在するバイオマスを融通し合う世界になれば、人類は光合成産物をうまく利用しながらやっていける。そのためにも研究を地道に続けていけばよい。

ちなみに、地味なので関心をもつ研究者が少ない石炭の液化も、じっくり進めるべき研究の一つだろう。なにごとも、せいてはことを仕損ずる。

始まった反省――二〇一〇・一一年の動き

CO_2脅威論のあやしさと、CO_2削減行動の空しさが世に浸透中のほか、苦しい財政状況もあって、いま諸国は「温暖化対策」を急速に見直しつつある。海外メディア報道のごく一部だけ取り上げ、ここ一～二年の動きを振り返ろう。

スペインの沈む太陽

『不都合な真実』が世界に広まり、ゴアとＩＰＣＣがノーベル平和賞を受賞した二〇〇七年にスペイン政府は、太陽光発電分を発電開始から二五年間、一般価格の九～一〇倍で買いとる法律を通した。たちまち「太陽光ラッシュ」が起き、いま個人・団体の「発電業者」は五万を超す。売電収入を当てこんでローンを組む人もいた。

パネル産業が活性化し、外貨を稼げて雇用も増える…が政府の読みだったけれど、国内生産が追いつかないパネルは、中国などからの輸入品が多くを占めてしまう。

また政府は発電業者に一〇兆円以上の借金をすることとなり、その手当てに増税をした。法人税も上がり、既存の産業が打撃を受けている。結局のところ、（補助金で潤う）新規雇用の一名あたりほぼ二名の失業者が出て、国の失業率を押し上げた。

二〇一〇年一〇月にスペイン政府は、売電価格の引き下げを検討し始めた。二〇一一年一二月の時点で、太陽光は四五％、風力は三五％、それぞれ補助金カットを予定しているという。政府の約束が反故となれば、途方に暮れる国民も多かろう。

ほかの要因も効いたのだろうけれど財政悪化はいよいよ進み、失業率が二二％（一六〜二四歳は四五％！）にもなった二〇一一年の一一月二〇日、政権交代が起きている。前政権のツケを新政権がどう始末するのか、いまのところ誰にもわからない。

ドイツ・イギリス　二〇二二年の時点で原発を放棄すると宣言したドイツは二〇一一年七月、太陽光や風力（の補助金）につぎ込んできた予算の一部を、二〇一二年から石炭・天然ガス火力発電に回す予定だと発表している。二〇一一年一二月一三日には、太陽光発電の国内トップ企業ソロン社が倒産手続きに入った。

二〇一二年一月一八日の「シュピーゲル」誌に、「補助金八〇〇〇億円をばらまいて総発電量の三%しか生まない太陽光発電（二〇一一年実績）は史上最悪の環境政策だった」と、政府を手きびしく批判する論説が載った。

国民が電気代の高騰に苦しむイギリスでも二〇一一年七月、日本の経団連にあたる組織が、「低炭素政策」を見直すよう政府に要望。政府は一〇月の末、太陽光・風力発電につけてきた補助金の半減案を発表した。一一月二〇日にはエリザベス女王の夫君エジンバラ公フィリップス殿下が、「火力・水力の規模を減らさないうえ、景観を壊しもする風力発電は、莫大な補助金を浪費するだけのおとぎ話。恥知らずもはなはだしい」と、政府をきびしく批判している。

二〇一一年一二月中旬にはBP社が、四〇年間に及ぶ太陽光発電事業からの撤退を表明した。また二〇一二年一月九日にはシンクタンクの「シビタス」が、「風力発電はむしろ化石資源の消費を増やす」との評価レポートを発表している。

なお、自然エネルギー利用と同様、低炭素化のためと称して発電所などの出すCO_2を回収・貯留する営み（CCS）についてもイギリス政府は二〇一一年一〇月、少し進行中の計画第一号を放棄した。エネルギー収支を考えればどうみてもCO_2を増やす営みだから、予算（一二〇〇億円）の執行停止は英断だろう。

イギリスのエネルギー気候変動大臣ヒューン氏は過激な温暖化脅威派なので、政策が一気に変わるとは思えないものの、ヨーロッパ諸国は少しずつ健全化に向かっているようだ。

米国の風向き　さまざまな規制で大気汚染を激減させ、一九七〇年代から環境意識の高いカリフォルニア州は温暖化対策も好み、太陽光や風力に力を入れる。しかし補助金（税金）頼みの話だから、「グリーン化」で電気代が上がり、いまユタ州やネバダ州の二倍に近い（それでもまだ日本の半額）。そのため、別の州に引っ越す人もいるという。

カリフォルニア州では、補助金がらみの大スキャンダルが二〇一一年に起きた。二〇〇四年の創業以来、オバマ大統領が「グリーン企業の模範」と称え、自ら工場見学に出向くほど肩入れしたソリンドラというソーラーパネルメーカーがある。同社は二〇〇八～一〇年に数千万円を使ってエネルギー省に陳情攻勢をかけ、四〇〇〇億円の政府支援を引き出す。だが二〇一一年の八月末に倒産し、従業員一一〇〇名を解雇した。

二〇一一年九月八日、乱脈経理の容疑でＦＢＩが捜査に入る。もと社員の証言によると、社内に豪華な家具類をそろえるなど、幹部連が国の支援金を散財しまくったもよう。連邦議会が予定した下院の公聴会は、幹部が一人も出頭しないので流会になった。

同じころフロリダ・アイダホ・ケンタッキー・ロードアイランド・バージニア各州は、州民の電気代を上げる自然エネルギー利用計画の中止または先送りを発表している。

ネバダ砂漠での集光太陽熱発電に投資する「石炭より安い自然エネルギー実現」プロジェクトを二〇〇七年に立ち上げたグーグル社は二〇一一年一一月二二日、「期待どおりの成果が出そうもない」同プロジェクトの中止を発表した。ちなみに、二〇〇〇年から同社の非常勤顧問にゴア氏が名を連ね、温暖化問題で助言してきたという。

CO_2脅威論を奉じる米国エネルギー省のチュー長官（一九九七年度ノーベル物理学賞）が更迭されないかぎり、オバマ政権の方針は激変しない。けれど、IPCC拠出金（約一〇億円）の打ち切り提案議決（二〇一一年二月）や、国連「グリーン気候基金」からの撤退宣言（同一一月）など、政府も正気になりつつあるようだ。二〇一一年一二月末には、三〇年前から続くバイオエタノール補助金の廃止提案を下院が可決した。

以上の地域以外では、オーストラリアのニューサウスウェールズ州が二〇一一年の秋、太陽光発電の買取価格を一キロワット時あたり約四八円から一六円に下げる計画を発表している。

このように現在、グリーンバブルがはじけ始め、「温暖化対策」も「終わりの始まり」を迎えた感がある。諸国が「急ぎすぎ」を悟るのも、時間の問題だと思いたい。

二〇一二年二月六日、ヨーロッパで最大発行部数（三二〇万部）を誇るドイツの日刊紙「ビルト」は、「CO_2脅威論のウソ」と題するやや長い記事を載せ、ネット上で大きな話題を呼んだ。同記事が諸国民の目覚めを加速するよう、心から願っている。

終章　狼少年

二七〇〇年前の作とされるイソップ物語に、狼少年の話がある。村はずれで羊の番をする少年が退屈を紛らわせようと、村のほうに向かって「狼が来たぞ～」と叫ぶ。驚いた大人たちが棒を手に急いで駆けつけるも、狼の姿は見えないので引きあげる。

おもしろがった少年は、同じことを繰り返す。初めのうち駆けつけた大人たちも、やがて少年のウソを見抜き、「狼が来たぞ～」を聞いても駆けつけなくなった。

だがある日、ほんとうに狼が来た。少年は必死に叫ぶけれど誰も駆けつけないので、狼に食べられてしまう。ウソつきは身を滅ぼす…の教えだろう。

環境の話では、根元に「日本の環境はどんどん悪化中」というウソがある。何度か紹介した東大の文科系一年生も、小学校以来そう教わってきたという。しかし、大気や水の汚い国も地域もまだあるにせよ、少なくとも日本などの先進諸国で、どんどん悪化中の時代はほぼ四〇年前に終わり、

「どんどん浄化中」の時代を経て「きれいなまま」になっている。

それなのに昨今、研究室の看板や学科（専攻）・学部（研究科）名に「環境」をつける人たちが増え、二〇〇一年からは「〇〇環境大学」もいくつかできた。いったい何を教え、研究しておられるのかと、ひとごとながら心配になる。

本章では、かつて大きな話題になった「環境問題」あれこれの素顔をのぞき、その文脈上で、地球温暖化の話も眺め直そう。

つくられる危機

いまの感覚で昔のことを考えてはいけない。たとえば平安初期に起きた平城上皇の変を、「三百数十年ぶりの異変は、当時の人々に大きな衝撃を与えた」と説く歴史書がある。しかし庶民は日々の暮らしに追われ、雲の上の争いを気にする暇などなかっただろう。

さまざまな環境問題も、それぞれの時代背景のもとで生まれた。

眠りの時代　私の小中学校時代（一九五四～六三年）は、黒煙を吐く工場地帯の写真が教科書に載り、それを活力の象徴と教わった。戦後の復興・発展で忙しく、「俺たちは環境を汚している」と思う人などいなかった。環境対策は「眠りの時代」だったといえる。

そのせいで残念ながら、局地性の公害がいくつも起きた。一九五〇〜六〇年代の水俣病（有機水銀）やイタイイタイ病（カドミウム）、四日市喘息（二酸化硫黄SO_2）が名高い。明治中期に操業を始めた栃木県・足尾銅山の鉱毒流出は、一九七〇年代まであとを引く。

山陰の田舎から初めて上京した一九六六年、抜けるような青空はめったになく、多摩川も江戸川も巨大なドブ川に見えた。当時の日本は、誰も気にしなかったのだけれど、空気と水の汚染が最悪だったのだ。

ちなみに五〇年ほど前までは、大都市はともかく、庶民の暮らしもいまよりずっと不衛生だった。学校に上がる前の田舎暮らしを思い出すたび、いまの暮らしが別世界に見えてしまう。四〇歳以下の人たちには実感も湧かないだろうが、むろん実感していただくには及ばない。数十年たてば時代は変わる。

二〇〇八年の北京オリンピックで日本のメディアは、現地の大気汚染を連日のように報じた。だがオリンピックを開いた一九六四年当時の東京は、二〇〇八年の北京よりずっと大気汚染がひどかった。その事実に触れたメディアは知らない。

本気の時代　人々が公害の危険に目覚め、大都市のスモッグ、五大湖や霞ケ浦などの水質が悪化した一九七〇年代の初め、先進国はようやく対策を考え始めた。米国は一九七〇年暮れに環境保護庁（ＥＰＡ）を創設し、日本も翌七一年七月に環境庁（現・環境省）をつくる。ドイツの環境省は三年後の一九七四年に発足した。

厳しい規制のもとで環境の浄化が進み、一九八〇年代の中期には空気も水もきれいになった。四日市喘息を起こしたSO$_2$も、空気中の濃度が一九七〇→八五年の一五年間に一〇分の一まで下がり、地味な監視・対策が功を奏して、低い濃度のまま現在に至る。

あいにく当時、カーソン著『沈黙の春』（一九六二年。邦訳六四年）が、元祖・狼少年を産んでしまう。同書は「殺虫剤DDTは野生動物に危険」と述べただけなのに、「ヒトにもあぶない」と早とちりした集団が各国政府にDDTの製造・使用をやめさせたため、一時は激減したマラリア死者数が元に戻り、いまアフリカなどで年に約七〇万人（一〇〇〜三〇〇万人という推定もある）がマラリアで死ぬ。

実のところDDTのヒト毒性はたいへん低いし、卵の殻を薄くして野生動物を減らすというカーソン説も、いまや思い込みの産物だったとわかっている。

そんな『沈黙の春』をバイブル視する人々の脳内は、いったいどうなっているのか？

惰性の時代　一九八〇年ごろまでに、先進諸国の政府・自治体・企業は環境がらみの部署を続々とつくり、大学には「環境研究者」が増殖した。けれど空気も水もきれいになったため、地味な監視と対策業務を除き、仕事が激減してしまう。給料をもらうからには、名目の立つ仕事がなければいけない。環境研究者は、論文や研究費につながる新しいテーマがほしい。つまり、「仕事づくり」が仕事になる「惰性の時代」に入った。

そういう状況のなか、「本気の時代」に心配され始めた酸性雨、一九八〇年代以降のダイオキシンや環境ホルモン、地球温暖化…といった「問題」が次々に生まれ、こわい話や警告を好むメディア経由で世に広まっていく。

ことに温暖化は、権威ある（と思う人が多い）国連の主導で莫大なお金と人員を使う話だっただめ、一九八八年六月のハンセン証言（4章）以来、たいていの先進国に深く浸透していった。九〇年代のいつか、環境研の元幹部が退官後に述懐された次の言葉が忘れられない。「ハンセン証言はほんとうに嬉しかった。大きな仕事になったからねぇ」

だが案の定、大半の「問題」は思い過ごしだとわかる。温暖化も、本書の前半で解剖したとおり心配な話ではないし、少なくとも対策の成果がまったくのゼロだという事実は、何度か見ていただいた1章の図1・5から一目瞭然だろう。

幻だった酸性雨

小中高校の教科書は酸性雨をまだ載せ続けるが、読者も先刻ご承知のとおり、メディアが酸性雨を扱わなくなってから一五年ほどたつ。思い過ごしだとわかったからだ。

環境省は一九八三年から二〇年以上、各地に降る雨の酸性度を測ってきた。まとめを見ると、雨のpHは（場所によらず）四・八±〇・二で横ばいを続け、酸性化が進んだ湖沼はなく、これから酸性化しそうな場所もない。なおpHは酸性の度合いを表し、七以下を酸性、七以上をアルカリ性という。pHが一だけ下がれば、水素イオンの濃度が一〇倍になる。

四・八というpHは、空気のSO_2濃度（一九八五年以降、一立方m中に約〇・〇五cc）を使う化学計算から出る値にぴったりと合う。しかもSO_2は現在、ほとんどが天然モノ（火山＋生物活動）なので、たぶん飛鳥時代も江戸時代も雨のpHはほぼ四・八だった。つまり一九八〇年以降、日本に（海外にも）「酸性の雨」は降るが、恐ろしげな「酸性雨」は降っていない。

酸性雨のせいで土から溶け出る金属イオンが木を枯らす…との噂が飛び交っていた一九九〇年ごろ、一年以上かけて若手に確認実験をさせたことがある。しかし土の金属イオンは、pHを酢なみの三以下にしなければ溶け出てこない。それほどの雨はまず降らないため、論文は一つも書けず無駄骨に終わった。

いろいろな栽培実験の結果を見ると、天然の雨より酸性が強い（pH三程度の）水をやっても木は枯れない。酸が含む窒素や硫黄が「肥料」になって、ときにはむしろ生育が速まる。

そんな話が一般紙の科学面に載れば、国民も「酸性雨」のことを忘れるだろう。

ダイオキシンと環境ホルモン

ベトナム戦争の帰還兵が起こした「ダイオキシン被害」の集団訴訟を受け、米国は一九七〇年代にダイオキシンの動物影響をじっくり調べた。その結果、大問題ではないとわかったため、一九八三年にレーガン大統領（当時）が終結宣言を出している。

ダイオキシン騒動　だが同じ一九八一年の一一月、愛媛大学の研究者が「焼却ゴミにダイオキシンを検出」と発表し、騒ぎの幕を切って落とす。以後一〇年あまり、構造不況だった大型装置メーカーと厚生省（当時）の協議が水面下で進んだらしい。

一九九七年になって、所沢市の産廃焼却から出るダイオキシンが新生児を殺すと某ＮＧＯが声をあげ、九月には文部省（当時）が小中高校の焼却炉を封印せよと通達を出し、メディア経由で「ダイオキシンの恐怖」が世に広まっていく。一九九八年には週に平均一冊のダイオキシン・ホラー本が出版された。

やがて一九九九年二月のテレビ朝日「所沢ホウレンソウ」報道を最後の引き金にして七月一六日、「ダイオキシン類対策特別措置法」が成立する。同法は次の二点を骨子にし、焼却炉の更新を目指すものだった。①と②のどちらかが誤りでも、法律はたちまち存在意義を失う。

① ダイオキシンは、日ごろの摂取量で命や健康に障る。
② ダイオキシンのほとんどは、ゴミ焼却から生まれる。

以後の数年間、四~五兆円の税金を使い、全国のゴミ焼却炉が更新されている。

だが、戦争や事故はともかく、日ごろ体に入る量のダイオキシンが健康被害を起こさないことは、もう一九七〇~八〇年代にわかっていた。日本の「ダイオキシン研究」が始まったころ、体重あたりの摂取量にして数百年分ものダイオキシンをネズミに注射し、悪影響を調べる医学研究者の実験に仰天したのを思い出す。

また、一九七〇年代から九七年（対策開始年）まで、ゴミの焼却量は増え続けたのに、日本国民のダイオキシン摂取量も体内量も減り続けてきた事実が、立法の二ヵ月~半年後にわかる。

おもな摂取源は焼却炉の煙ではなく、一九六〇~七〇年代に使われた水田除草剤の不純物だった。それを横浜国大の中西準子教授（当時）が突き止め、やはり立法の直後に発表している。

つまり①も②も誤りだったのに、他国に類のないダイオキシン法はいまなお残る。ほとんどの自治体に環境試料のダイオキシン分析（一試料が約一五万円）を義務づけるため、担当者の人件費を入れると、おそらく年に一〇〇〇億円を超す税金がドブに捨てられる。

焼却炉の更新は、黒煙と悪臭は減らしたものの、もともと完璧に安全だったダイオキシン濃度を減らしたにすぎない。本来の目的は果たしていないうえ、塩ビメーカーや小型焼却炉メーカーなどを痛めつけ、自治体に過大な税負担をかけた。

燃えにくさで暮らしを守る壁紙や電気コード被覆材が塩ビ製に戻ってきたなど、いまや国民も産業界も「ダイオキシン有害説」を忘れつつあるのに、愚かな法律があるかぎり税金のムダづかいは続く。ダイオキシン法は、超党派の国会議員二〇七名による議員立法だから、無意味さを知り抜いている官僚も手をつけられないと聞く。とはいえ次回の事業仕分けでは、法律の廃止をぜひ考えていただきたい。

悪乗り研究者　二〇〇九年の一二月、東大医学部の若い研究者が学内報の類に、おおよそ次のような内容の「研究」を寄稿した。

近年、気管支喘息やアトピー性皮膚炎などのアレルギー疾患が増えている。ダイオキシンをマウスに投与したところ、腸の免疫がおかしくなった。こうした研究を通じ、いま社会が直面している健康問題に向け、有効な手段を探っていきたい。

しかし環境省の統計によると、一九七〇年代から二〇〇七年まで、ダイオキシンの摂取量も体内量も減り続けてきた（それを研究者が知らないはずはない）。減り続けてきた物質が「増加中の疾患」を起こすという発想は、中学生でもしないだろう。末尾の「研究を通じ…探っていきたい」は

「研究費がほしい」の意味なのだろうが、いさぎよく足を洗ったほうがいい。

環境ホルモン騒動　一九九八年には環境ホルモン騒ぎも起きる。特別な種類の物質が、ヒトを含めた動物の内分泌を狂わせ、メス化など悪い作用をするのだという。

騒動の根は、一九九六年（邦訳九七年）刊のコルボーン著『奪われし未来』という本だった。『沈黙の春』と同様、「野生動物に害がある」と書き、「ヒトにもあぶないはず」と匂わせてあるだけ。しかも野生動物の害として、汚染が最悪だった一九六〇～七〇年代の五大湖周辺に材をとり、以後すっかりきれいになった執筆当時の状況には触れていない。

カーソンもコルボーンも狼少年（女性だから「狼少女」？）だったといえる。

NHKが特集番組を何本も流し、ホラー本が何冊も出て、新聞や週刊誌をにぎわせた。「カップ麺容器から環境ホルモンが出る」という噂の飛んだ一九九八年六月には、一紙が平均二〇件も環境ホルモン記事を載せる。カップ麺容器は二〇〇〇年の一一月に無罪放免となったのに、それをメディアがきちんと報じなかったせいで、いまなおカップ麺を恐れる人がいる。

省庁が研究を助成し、一部の研究者がメディア記者に「成果」を語るから、二〇〇一年ごろ消えてしかるべき恐怖話が、二〇〇七年あたりまで尾を引いた。

もうメディア報道はゼロに近いし、幸い法律の類はできなかったため、まだ少し研究費がつくらしい環境ホルモン研究も、方向転換しにくい数名の大物研究者が退職されるころには忘却の彼方だろう。大物が方向転換しにくいのは、いったん活字になった論文は永遠に残るからだ。若い方々は、そのことをよく心したほうがいい。

誤用される予防原則

ダイオキシンや環境ホルモンの騒ぎでも、温暖化対策の話でも、「予防原則」をもち出す人がいた。一九九二年のリオ地球サミット（9章）が採択した「アジェンダ21」という文書に見える予防原則を、こんな意味だと思っている人が多い。

　大被害が予期される場合、たとえ科学面の一部が不明でも、対策をするのが望ましい。

だがそれは正しくない。原文には cost-effective measures（投資に見合う手段）という一句があって、意訳すれば左のようになる。傍点部が趣を一変させるだろう。

　…一部が不明でも、投資に見合う手段があるなら、対策をするのが望ましい。

ダイオキシンや環境ホルモンの騒ぎに飛んだ数兆円もムダだったけれど、なんといっても最悪は、温暖化対策やバイオマス・ニッポン事業（10章）だろう。なにしろ、投資（六年間でそれぞれ約二〇兆円、六兆円超）に見合う・見合わないを超越し、成果ゼロだったのだから。

税金の使い道は、教育・医療・福祉・防災など、ほかにいくらでもある。おびただしい子どもが命を落とす途上国の飲み水や衛生の改善に使ってもらうのもいい。ともかく金は有限だから、慎重に優先順位を考えよう。

また、かりに地球温暖化が事実だとしても、たちまち進むものではない。何かの兆候がくっきり見えた時点でのんびりと腰を上げ、対応を考えればよい。そのほうがずっと安上がりだ。

作物が気候に適さなくなると脅す人もいるが、起きても一〇年間に〇・一℃台の変化だから、手持ちの別品種に変えればすむし、新品種をつくる時間もたっぷりとある。弥生時代ならいざ知らず、いまは農業技術を信頼してよい。

ＩＰＣＣが脅す海面上昇は、三〇年間にせいぜい二〇㎝（さざ波未満）だという。たとえ海面が上がっても、子孫は（一〇兆円など使わずに）対処する。片側二車線の高速が走るオランダの大堤防（全長三二㎞、高さ七・三ｍ）は、第一次と二次の大戦にはさまれたわずか五年間（一九二七〜三二年）で建設された。いまの土木技術は、当時よりずっと進んでいる。

環境教育の功罪

小中高校では、大人になってから役に立つ良質な知識を授け、論理的な思考力を鍛えよう。理系の知識なら、数千年の歴史を誇る算数・数学、ニュートンやラボアジエから二〜三〇〇年たつ物理・化学など、確定した話だけ身につけさせればよい。

ついでに「環境」も教えたいなら、次のことに注意しよう。

語るべき話　一九七〇年ごろから八〇年代の中期まで、空気と水をきれいにしてくれた先人の苦労話は、ぜひ子どもたちに伝えたい。煙の二酸化硫黄をとり除く脱硫のしくみや、ごく微量の有害物質を見つける化学分析のしくみは、理科のよい教材になる。

幻だった「酸性雨」の話なら、降る雨は弱酸性なのに、川や湖の水が中性〜弱アルカリ性を示す理由も、高校の化学・地学の素材にふさわしい。

酸性雨やダイオキシン・環境ホルモンなどの騒動は、歴史が四〇年（長くみても五〇年）しかなく、まだ「学」とは呼べない環境の分野で研究者が抱いた錯誤だった。伝えるなら、なぜ誤ったのかを主眼に、理科ではなく歴史の教訓として伝えよう。ついでにいうと、オゾン層破壊の話にもまだ決着はついていない。

語ってはいけない話　時々刻々と変わる人為的CO_2温暖化説は、初中等教育になじまない。IPCCがつむいできたホラー話だけを語るのは、洗脳という犯罪になる（5章参照）。そのうちに落ち着く話を、大学に入ってから若者が自分で調べ、自分なりの判断をすれば十分。欧米諸国にも、子どもたちの「温暖化洗脳」を心配する人がずいぶん多い。

だが文科省は、二〇一二年度から使う中学理科教科書の学習指導要領に、「地球温暖化を扱え」と明記した。悪くすると今後およそ一〇年間、教師は主要教科向けの時間を削り、メディアから拾ったホラー話を子どもたちに押しつける。

妄想人間をつくり、資源を浪費して国を滅ぼしかねない「温暖化教育」はやめよう。いまからでも遅くはない。二五〇〇年前の孔子が過則勿憚改（まちがいを悟ったらすぐ改めよ）といった。過而不改是謂過矣（過ちをして改めないのが、ほんとうの過ちというものだ）ともいっている。文科省はぜひ再考してほしい。

扇動の罪

政界の大物、学界の重鎮が、実感はないはずなのに、口を開くたび「昨今は温暖化など地球規模の環境問題が重要になり…」といった発言をされる。名高い物理学者ホーキング博士も（残念ながら）その一人だ。なにしろ国連が認めた…まちがいない…とお考えなのだろう。

思考停止　大物の気分は庶民にも研究者にも感染する。右のようなことを研究費申請書や論文に書く研究者が多く、つい先ごろ読んだ論文の著者も、序文にこう書いていた。

…最近では、環境ホルモンや酸性雨問題、地球温暖化など、地球規模での環境破壊が深刻な社会問題となっており、○○（著者の専門分野）に対する期待が高まっている。

仕事がら読む研究費申請書の類にそんなことが書いてあったら、先を読まないでボツにする。思考停止にあり、自分の頭で考えない人が、まともな成果を出すはずはないからだ。つまり申請者は、世の風潮を無批判に受け入れるせいで損をする。なお、私と似た姿勢の人は少なくない。

モデル計算　最後にまた温暖化の話をしよう。何度か書いてきたとおり、CO_2脅威論が正しくても、何か影響が出るのは、研究者が世を去った数十年～一〇〇年先のこととなる。いきおい、有名学術誌の論文でも、未完成のモデル計算を使う「予測」が幅を利かす。

毎日新聞は二〇一一年一二月五日、「アマゾン流域　干上がる?」「温暖化　今世紀末にも」「国立環境研分析」という大中小の見出しをつけ、一℃上がればアマゾンの中下流で年に最大三〇〇ミリ以上減り、二一〇〇年までにブラジルの気温が三℃上がって年に一〇〇〇ミリ近くの水資源が減る「可能性のあることが分かった」と書いた。

モデル計算（計算機シミュレーション）は、物理モデルは明白でも観測しにくい現象（たとえば、電気分解が始まって〇・〇一秒後、電極から〇・一ミリの距離で物質の濃度はどうなるか、など）をつかむにはたいへん役立つ。むかし私も少し手を染めたことがある。

けれど気候の科学は、物理モデルがまだあやふやだから（五〇年後もたぶんそう）、ある前提で計算したら、前提どおりの結果が出るにすぎない。気候感度を三℃にすれば、それに合う「温暖化のありさま」が出力される。何かが「分かった」といえる話ではない。

予測はかまわないけれど、出た結果は内輪の知的な議論にとどめ、記者発表をしないでほしい。記者発表がホラー話を世に広め、政府に巨費を捨てさせてきた。まさに狼少年の世界だろう。

それはともかく、いったい何を伝えたい記事なのか？　読んだ庶民が無用な心配をし、若者が「環境は悪化中なのか…将来は環境分野に進もう」と幻想をもつだけだ。

もし「対策しよう」といいたいのなら、地球を〇・〇〇〇〇〇一℃も冷やさないのは承知の上で、せめて発行部数を大幅に減らすのが言行一致というものだ。そんな気配がない以上、記者さんも新聞社も、本気で温暖化を心配してはいないのだと思う。

扇動が招いた悲惨なことは、歴史上いくらでもある。日本社会の健康回復には、地球温暖化という神話を忘れ、空疎な扇動をやめるのが絶対だろう。

- N.-A. Mörner, The Great Sea-Level Humbug–There is No Alarming Sea Level Rise !, 21st Century Science and Technology, 12, Winter 2010/2011［海面上昇説のウソを解剖。5 章］
- 渡辺　正，クライメートゲート事件―地球温暖化説の捏造疑惑，化学，**65**, 34 (2010)；続・クライメートゲート事件―崩れゆくIPCC の温暖化神話，同，**65**, 66 (2010)．［7 章］

情報ウェブサイト

- WUWT のサイト：http://wattsupwiththat.com/［全般］
- マウナロア観測所のサイト：
  http://www.esrl.noaa.gov/gmd/ccgg/trends/［CO_2 濃度の推移。1 章・2 章］
- CDIAC のサイト：
  http://cdiac.ornl.gov/［CO_2 の排出量・濃度などの推移。1 章・2 章］
- GISS のサイト：
  http://data.giss.nasa.gov/gistemp/station_data/［世界各地の気温データ。地図上の地点をクリックすると周辺数十ヵ所のデータにアクセス可。3 章］
- 気温のまとめサイト：
  http://junksciencearchive.com/MSU_Temps/Warming_Look.html［さまざまな機関が発表する気温データを毎月更新。数値データもあり。3 章］
- クライメートゲート事件と同 2.0 で流出した全メールを検索できるサイト：
  http://wattsupwiththat.com/2011/11/25/new-climategate-1-and-2-combined-search-engine/［7 章］

2012 年～2016 年の地球温暖化「神話」の動向について，下記サイトに解説があるので，ぜひ参照されたい。

http://pub.maruzen.co.jp/space/ondanka_shinwa/tsuiki.pdf

ID：globalwarming
パスワード：itismyth

著者紹介

渡辺　正（わたなべ・ただし）
1948年鳥取県生まれ。東京大学大学院修了，工博。2012年より東京理科大学教育支援機構・理数教育研究センター教授（東京大学名誉教授）。
専門は生体機能化学，電気化学，環境科学。

［著書・訳書］
『物理化学』『有機化学』（共著，化学同人，2016）
『アトキンス 一般化学（上・下）』（訳，東京化学同人，2014, 2015）
『高校で教わりたかった化学』（共著，日本評論社，2008）
『「化学物質」恵みと誤解』（共訳，丸善，2005）
『基礎化学コース 電気化学』（共著，丸善，2001）
『電子移動の化学』（共著，朝倉書店，1996）ほか多数

「地球温暖化」神話—終わりの始まり

平成24年3月5日　発　　行
平成28年10月25日　第6刷発行

著作者　渡　辺　　正

発行者　池　田　和　博

発行所　丸善出版株式会社
〒101-0051 東京都千代田区神田神保町二丁目17番
編集：電話(03)3512-3263／FAX(03)3512-3272
営業：電話(03)3512-3256／FAX(03)3512-3270
http://pub.maruzen.co.jp/

組版印刷・シナノ印刷株式会社／製本・株式会社 星共社

ISBN 978-4-621-08517-2 C 0040　Printed in Japan

2011 年のおもな出来事

（ごく一部の事項を除き，日本のメディアは報じていない）

月	国	出来事
2 月	米	IPCC 拠出金（約 10 億円）の打ち切り提案を下院が可決（10 章）
	日	バイオマス・ニッポン事業の成果はほぼゼロ…と総務省が判定（10 章）
3 月	日	11 日，東日本大震災が発生
7 月	欧	自然エネルギー補助金の縮小をヨーロッパ諸国が検討開始（～ 11 月。10 章）
	—	CO_2 の昇温効果は小さいと推定する論文 3 編の刊行（～ 9 月。4 章）
	—	1998 ～ 2008 年の「気温上昇ストップ」を考察する論文の刊行（4 章）
	—	過去 40 年にわたる暴風雨と温暖化の関係を否定する論文の刊行（5 章）
8 月	米	ソーラーパネル製造企業ソリンドラ社が（計画？）倒産（10 章）
9 月	米	気温観測の改善を会計検査院が気象庁に勧告（3 章）
	米	ジェーバー博士（1973 年ノーベル物理学賞）が物理学会を退会（7 章）
10 月	英	CO_2 の回収・貯留（CCS）プロジェクトの第 1 号を中途で断念（9 章）
	加	IPCC の内幕暴露本をジャーナリストが出版（8 章）
11 月	英	クライメートゲート事件 2.0 発生。メール 5349 通がネットに流出（7 章）

	英	「風力発電は役に立たない。おとぎ話」とフィリップ殿下が発言（9 章）
	日	「2020 年までに CO_2 排出 25%削減」の見直しを政府が決断（9 章）
	米	国連グリーン気候基金からの撤退を宣言（10 章）
	米	ゴアを顧問に抱えるグーグル社，太陽熱発電の支援から撤退（10 章）
12 月	—	「ポスト京都」体制の先送りを決めただけで COP 17 が閉幕（9 章）
	日	2013 年以降の CO_2 削減義務を拒否すると政府が宣言（9 章）
	加	京都議定書からの離脱を政府が公式に宣言（9 章）
	—	IPCC，初めて一般公募した報告書の原稿査読者を選定（8 章）
	米	バイオエタノール補助金の廃止案を下院が議決（10 章）
	—	**議定書発効から約 7 年間，CO_2 削減が空念仏にすぎなかったことを，大気中 CO_2 濃度の推移（1 章の図 1.5）がまざまざと証明**

参考文献

本書の内容に関連する最新書籍・論文・情報サイトのごく一部

和　書

- 深井　有『気候変動とエネルギー問題：CO_2温暖化論争を超えて』中公新書（2011）［物理学者が温暖化騒ぎを批判し，将来のエネルギーを考察。7章・10章］
- S. Mosher, T. Fuller（渡辺　正 訳）『地球温暖化スキャンダル：2009年秋クライメートゲート事件の激震』日本評論社（2010）［クライメートゲート事件の全容紹介。7章］
- 広瀬　隆『二酸化炭素温暖化説の崩壊』集英社新書（2010）［クライメートゲート事件に触発されたジャーナリストの温暖化論。7章・10章］
- V. Klaus（住友　進 訳）『環境主義は本当に正しいか？：チェコ大統領が温暖化論争に警告する』日経BP社（2010）［大物政治家が温暖化騒ぎの空しさを指摘。全般］
- 赤祖父俊一『正しく知る地球温暖化：誤った地球温暖化論に惑わされないために』誠文堂新光社（2008）［北極圏研究の第一人者が気温変動の原因を解剖。2～4章］
- 伊藤公紀・渡辺　正『地球温暖化論のウソとワナ：史上最悪の科学スキャンダル』KKベストセラーズ（2008）［2008年時点の状況分析。全般］
- 武田邦彦『偽善エコロジー：「環境生活」が地球を破壊する』幻冬舎新書（2008）［工学者が環境騒ぎを解剖。おもに9章・10章・終章］
- B. Lomborg（山形浩生 訳）『地球と一緒に頭も冷やせ！：温暖化問題を問い直す』ソフトバンククリエイティブ（2008）［温暖化

のマイナス面とプラス面をバランスよく解析し，行き過ぎた温暖化対策を糾弾。全般]

- S. F. Singer, D. T. Avery（山形浩生・守岡 桜 訳）『地球温暖化は止まらない：地球は1500年の気候周期を物語る』東洋経済新報社（2008）[太陽活動の周期変動にもとづき，CO_2脅威論の非科学性を検証。6章]
- 渡辺　正『これからの環境論：つくられた危機を超えて』日本評論社（2005）[大気と健康にからむ環境問題あれこれの考察。1～5章と終章]
- B. Lomborg（山形浩生 訳）『環境危機を煽ってはいけない：地球環境のホントの実態』文藝春秋（2003）[「環境は悪化中」のウソを暴く重厚な書。全般]

英書（和文タイトルは仮訳）

- D. Laframboise, "The Delinquent Teenager Who was Mistaken for the World's Top Climate Expert : IPCC Exposé（世界トップの気候科学者を装う不良少年：IPCCの素顔）", CreateSpace（2011）[女性ジャーナリストがIPCCの暗部を暴く。8章]
- R. Spencer, "The Great Global Warming Blunder : How Mother Nature Fooled the World's Top Climate Scientists（大失策の地球温暖化説：自然をつかみそこねた気候科学者たち）", Encounter Books（2010）[衛星観測の第一人者が「雲の働き」をもとに気候感度は小さいと指摘。4章]
- B. Sussman, "Climategate : A Veteran Meteorologist Exposes the Global Warming Scam（クライメートゲート：気象学のプロが暴く地球温暖化詐欺）", WND Books（2010）[IPCCやゴアの素顔を暴き，温暖化騒ぎの空しさを指摘。5～7章・9章・10章]
- S. Goreham, "Climatism! : Science, Common Sense, and the 21st Century's Hottest Topic（気候主義：21世紀最大の話題をめぐる科学と常識）", New Lenox Books（2010）[政治に操られる気候科学のあやうさを指摘。クライメートゲート事件にも言及。全般]
- A. W. Montford, "The Hockey Stick Illusion : Climategate and the

Corruption of Science（ホッケースティックという妄想：クライメートゲート事件と科学の腐敗）", Stacey International（2010）［ホッケースティックグラフの出自と欺瞞を解剖。全般］
- B. Fagan, "The Little Ice Age : How Climate Made History 1300–1850（小氷期：歴史を動かした 1300 ～ 1850 年の気候）", Basic Books（2001）［考古学者が中世温暖期と小氷期を解剖。6 章］

2011 年 7 ～ 9 月に出た学術誌論文

- R. K. Kaufmann, H. Kauppi, M. L. Mann, J. H. Stock, Reconciling Anthropogenic Climate Change with Observed Temperature 1998–2008, *Proc. Natl. Acad. Sci. USA*, **108**, 11790（2011）［1998 年から続く「気温上昇ストップ」の原因を考察。4 章］
- R. Maue, Recent Historically Low Global Cyclone Activity, *Geophys. Res. Lett.*, **108**, L14803（2011）［過去 40 年間，熱帯低気圧の発生数と総エネルギーはほぼ一定。5 章］
- R. W. Spencer, W. D. Braswell, On the Misdiagnosis of Surface Temperature Feedbacks from Variations in Earth's Radiant Energy Balance, *Remote Sens.*, **3**, 1603（2011）［気候感度は IPCC 説より小さいと推定。4 章］
- R. S. Lindzen, Y-S. Choi, On the Observational Determination of Climate Sensivity and Its Implications, *Asia-Pacific J. Atmos. Sci.*, **47**, 377（2011）［気候感度は IPCC 説を大きく下回る 0.7 ℃程度か。4 章］
- R. Allan, Combining Satellite Data and Models to Estimate Cloud Radiative Effect at the Surface and in the Atmosphere, *Meteorol. Appl.*, **18**, 324（2011）［気候感度は IPCC 説より小さいと推定。4 章］

解説記事

- C. Monckton, 35 Inconvenient Truths–The Errors in Al Gore's Movie, Science & Public Policy Institute（2007）［ゴア『不都合な真実』のウソを解剖。5 章］